HOWARD ZINN

DIE BOMBE

Howard Zinn

DIE BOMBE

Essays gegen den Krieg

Aus dem amerikanischen Englisch von
Friederike Sachs

MÄRZ Verlag

Inhalt

Einleitung

Am Tag, als der Krieg in Europa endete, dem 8. Mai 1945, fuhr meine B-17-Bomberbesatzung von unserem Flugplatz in East Anglia zur nahegelegenen Stadt Norwich, um an einer ausgelassenen Siegesfeier teilzunehmen. Die Stadt, die während der letzten fünf Kriegsjahre verdunkelt werden musste, erstrahlte nun im Licht. Es schien, als ob jeder Mann, jede Frau und jedes Kind auf der Straße war: Sie tanzten, schrien, weinten vor Freude, reichten Fish und Chips und Bier herum, und umarmten einander.

Im Juli flogen wir zurück nach Hause. Wir überquerten den Atlantik in denselben viermotorigen Bombenfliegern, aus denen wir zuvor Bomben auf Deutschland, die Tschechoslowakei, Ungarn und Frankreich abgeworfen hatten. Uns wurde ein 30-tägiger Fronturlaub gewährt, um unsere Ehefrauen, Freundinnen und Familien wiederzusehen, danach sollten wir in Richtung Pazifik aufbrechen, um weitere Bombenangriffe gegen Japan zu fliegen.

Meine Frau Roslyn und ich wollten Urlaub auf dem Land machen. Als wir zur Haltestelle liefen, von der aus der Bus ins ländliche New York fuhr, gingen wir an einem Kiosk vorbei, in dem sich ein Stapel Zeitungen mit riesigen schwarzen Überschriften fand: »Atombombe auf Hiroshima abgeworfen.« Ich erinnere mich an unsere Reaktion: *Wir waren froh*. Wir wussten nicht, was diese Atombombe sein sollte, aber bestimmt war sie etwas Großes und Wichtiges und würde das Ende des Krieges gegen Japan bedeuten. Sollte dem so sein, würde ich nicht im Pazifik kämpfen müssen, sondern könnte endlich nach Hause kommen.

In diesem Moment verstand ich nicht, was die Atombombe den Menschen in Hiroshima angetan hatte. Sie war etwas Abstraktes, eine Schlagzeile, und schien nur eine von vielen Bombardements zu sein – so wie unsere in Europa –, wenn auch in größerer Dimension. Bis heute verstehen viele Menschen in den Vereinigten Staaten die Grausamkeit der Luftbombardierung nicht. Sie ist eine Militäroperation ohne jegliches menschliches Empfinden, eine Nachrichtenmeldung, ein statistischer Fakt, ein Ereignis, von dem man hört und es dann schnell wieder vergisst.

Genau so ist es auch für diejenigen, die die Bomben abwerfen – für Leute wie mich, einen Bombenschützen in der Plexiglasnase einer B-17, der sein Zielgerät bedient und die Lichtblitze der Bombeneinschläge unter sich wahrnimmt, der aber keine Menschen erkennt, keine Schreie hört und kein Blut sieht. Er bemerkt nicht, dass unter ihm Kinder sterben, Menschen erblinden, ihre Arme oder Beine weggesprengt werden.

Auch wenn ich damals Bomben aus 9000 Metern Höhe abwarf, während heutige Bomber näher am Boden fliegen und sich ausgefeilter Technologie bedienen, um ihre Bomben genauer auf die Ziele zu richten, bleibt ihr Einsatz gleichwohl unpersönlich. Denn auch beim sogenannten »pinpoint bombing« sieht der Mann, der die Bombe abwirft, keine Menschen. Vielleicht kann er auf ein bestimmtes Haus oder Auto zielen und dieses treffen, was mir im Zweiten Weltkrieg nicht möglich war. Trotzdem weiß er nicht, wer sich in diesem Haus oder Auto befindet. Ihm wurde lediglich vom Geheimdienst mitgeteilt, dass sich dort einer oder mehrere »Terrorismusverdächtige« aufhalten sollen.

Wieder und wieder liest man in den Nachrichten von »mutmaßlichen Terroristen« oder einem »Al-

Qaida-Verdacht« – das heißt, dass die Geheimdienste nicht wissen, wen wir bombardieren und dass wir bereit sind, die Tötung eines »Verdächtigen« in Irak, Afghanistan oder Pakistan hinzunehmen – etwas, das bei einem Polizeieinsatz in New York oder San Francisco nicht akzeptabel wäre. Zu unserer Schande bedeutet das letztlich, dass die Leben von Menschen, die keine Amerikaner sind, für uns einen geringeren Wert haben.

Nach diesem Muster fielen Gäste einer Hochzeitsfeier in Afghanistan amerikanischen Bomben zum Opfer, die eigentlich »Terrorverdächtige« hätten treffen sollen. Unmittelbar nach Obamas Wahl wurden Geschosse von unbemannten Predator-Drohnen über Pakistan abgefeuert. Beim zweiten dieser Angriffe, schreibt Jane Mayer in einer Analyse der Predator-Bombardierungen im *New Yorker*, wurde das Haus eines regierungsfreundlichen Stammesführers irrtümlich anvisiert. »Die Explosion tötete die gesamte Familie des Stammesführers, darunter drei Kinder, von denen eines fünf Jahre alt war.«

Im Zweiten Weltkrieg hatte es noch keine derartig hochentwickelte Technologie gegeben, aber sie brachte dasselbe Ergebnis: den Tod unschuldiger Menschen. Heutige Bombenschützen sind in derselben Position, in der auch ich mich befand. Sie folgen Befehlen, ohne sie zu hinterfragen oder darüber nachzudenken, welche menschlichen Opfer ihre Bombardierungen fordern.

Erst als ich nicht mehr in der Uniform steckte, erlebte ich einen Moment des Erwachens, und ich begann zu verstehen. Der Anlass dafür war meine Lektüre von John Herseys Interviews mit den Überlebenden der Bombe von Hiroshima, die ihre Geschichten in bildhaftem, grausamen Detail erzählten: »Manchen waren die Augenbrauen versengt, und ihre Haut hing in Fetzen von Gesicht und Händen. Andere hielten vor Schmerzen die Arme in die Höhe, als trügen sie etwas in beiden Händen.«[1]

John Herseys Essay brachte mich dazu, über meine eigenen Bombereinsätze nachzudenken und darüber, wie ich selbst stumpfsinnig Bomben auf Städte abgeworfen hatte, ohne einen Gedanken daran zu verlieren, was die Menschen auf dem Boden in diesem Moment erlebten. Ich erinnerte mich insbesondere an meinen letzten Einsatz.

Er fand drei Wochen vor dem Ende des Kriegs in Europa statt, als alle eigentlich schon wussten, dass der Krieg vorbei war. Die Bombereinheiten auf unserem Flugplatz in East Anglia rechneten mit keinen weiteren Einsätzen über Europa. Sicher gab es keinen Grund für weitere Bombardements, nicht einmal aus der brutalen Begründung »militärischer Notwendigkeit« heraus.

Aber schließlich wurden wir doch aus unseren Schlafsäcken in den Wellblechhütten geholt und auf Lastwagen gesetzt, die uns zu den Besprechungsräumen und unseren Flugzeugen brachten. Es war etwa drei Uhr in der Früh, die übliche Zeit, zu der wir an Einsatztagen aufstanden, denn so gab es genügend Zeit für drei Stunden Einsatzbesprechung, ein Frühstück und die Überprüfung der Ausrüstung, bevor wir bei Sonnenaufgang losflogen.

In der Einsatzbesprechung wurde uns gesagt, wir würden deutsche Besatzungstruppen nahe der Stadt Royan bombardieren. Royan war ein Urlaubsort an der französischen Atlantikküste, nicht weit vom Hafen von Bordeaux entfernt. Die Deutschen griffen nicht an, sie harrten dort lediglich aus und warteten auf das Ende des Krieges, und wir würden sie auslöschen.

Im Sommer 1966 verbrachte ich schließlich einige Zeit in Royan und fand in der Stadtbibliothek einen Großteil des Materials, auf dem mein Essay beruht.

Hiroshima

Das Schweigen brechen

Die Bombe, die am 6. August 1945 auf Hiroshima abgeworfen wurde, machte Fleisch und Knochen von 140 000 Männern, Frauen und Kindern in wenigen Augenblicken zu Staub und Asche. Drei Tage später tötete eine zweite Atombombe über Nagasaki etwa 70 000 Menschen auf der Stelle. Innerhalb der nächsten fünf Jahre sollten weitere 130 000 Einwohner beider Städte an den Folgen der nuklearen Verseuchung sterben.

Wir werden die genauen Zahlen nie kennen. Die hier aufgeführten stammen aus dem ausführlichsten verfügbaren Bericht *Hiroshima and Nagasaki: The Physical, Medical, and Social Effects of the Atomic Bombings*, der von 34 japanischen Wissenschaftlern und Ärzten erstellt wurde und 1981 in englischer Übersetzung erschien. Diese Statistiken berücksichtigen nicht die zahllosen Menschen, die zwar am Leben blieben, aber verstümmelt, vergiftet, entstellt wurden, oder erblindet sind.

Wir leben in Zeiten, in denen Statistiken über Tod und Leid so unablässig auf uns einwirken, dass Zahlen in Millionenhöhe nichts als ein Gefühl der Taubheit hinterlassen. Nur die Geschichten einzelner Menschen können dieser Taubheit entgegenwirken, auch wenn sie die dahinterliegende Realität nur schemenhaft erfassen.

Eine japanische Schülerin, die zu der Zeit 16 Jahre alt war, erinnerte sich Jahre später, dass es ein schöner Morgen gewesen sei. Sie sah eine B-29 vorbeifliegen, und dann einen Blitz. Sie riss die Hände nach oben, die »direkt durch ihr Gesicht hindurchgingen«. Sie sah »einen Mann ohne Füße, der auf seinen Knöcheln ging«. Sie wurde ohnmächtig.

> Als ich aufwachte, fiel schwarzer Regen. […] Ich dachte, ich wäre blind, aber konnte doch meine Augen öffnen und sah einen wunderschönen blauen Himmel über der toten Stadt. Niemand steht auf. Niemand läuft herum. […] Ich wollte zu meiner Mutter nach Hause gehen.

Diese Worte trug Kinuko Laskey in gebrochenem Englisch bei einer Anhörung des U.S.-Senats in Washington, D.C., vor. Wir müssen uns ihre Aussagen und die Berichte anderer vergegenwärtigen: »Eine Frau, die ihren Kiefer verloren hatte und deren Zunge aus dem Mund hing, irrte umher [...] im starken schwarzen Regen [...] und schrie um Hilfe.«

Richard Rhodes' Buch *Die Atombombe oder Die Geschichte des 8. Schöpfungstages* ist die vermutlich ausführlichste und anschaulichste Abhandlung über die langwierige, kostspielige und höchst geheime Unternehmung, die ab 1942 in der Wüste New Mexicos unter dem Namen »Manhattan Project« firmierte. Rhodes' Schilderungen sind nüchtern und kontrolliert – bis zu dem Punkt, an dem er die Auswirkungen der Bombe mit großer emotionaler Eindringlichkeit beschreibt:

> Menschen, die Little Boy im Umkreis von 800 Metern ausgesetzt waren, verbrannten im Bruchteil einer Sekunde, indem ihre inneren Organe verdampften, zu rauchenden Häufchen schwarzer Kohle. [...] Die kleinen schwarzen Häufchen, die jetzt an den Straßen, Brücken und Bürgersteigen in Hiroshima klebten, gingen in die Tausende. Im selben

> Augenblick gingen Vögel in der Luft in Flammen auf. Moskitos, Fliegen, Eichhörnchen, Haustiere waren mit einem kurzen Knistern verschwunden.[1]

Robert Jay Lifton, ein Psychiater, der sich den enggefassten Grenzen seines Berufsstands widersetzte, führte die ersten Befragungen mit Überlebenden der Bombardierung durch. Seine Interviews wurden 1968 im Band *Death in Life* veröffentlicht; dort stößt man auf die nachfolgenden Erinnerungen.

Eine Studentin im dritten Jahr an der Universität Hiroshima erinnert sich:

> Die Gesichter meiner Freunde, die nur kurz zuvor energisch gearbeitet hatten, sind jetzt verbrannt und voller Blasen, ihre Kleidung zerfetzt. [...] Unsere Lehrerin drückte ihre Schüler eng an sich, wie eine Henne, die ihre Küken beschützt. Wie vor Angst erstarrte Küken pressten die Schüler ihre Köpfe unter ihre Arme.

Eine Frau, damals eine Schülerin der fünften Klasse, erinnert sich: »Alle im Bunker schrien. [...] Ich weiß nicht, wie oft ich darum bettelte, dass jemand meine verbrannten Arme und Beine amputiert.«

John Hersey war einer der ersten amerikanischen Journalisten vor Ort. Am 31. August 1946, knapp ein Jahr nach dem Bombenabwurf, erschien seine Reportage »Hiroshima« im *New Yorker*; sie war der einzige Beitrag in dieser Ausgabe und füllte das gesamte Heft. (Später wurde daraus das Buch *Hiroshima*.) Das Magazin war innerhalb weniger Stunden ausverkauft und vermittelte ein erstes Gefühl des Schocks an eine amerikanische Öffentlichkeit, die immer noch damit beschäftigt war, das Ende des Krieges zu feiern.

In seinem Artikel interviewte Hersey sechs Überlebende: eine Angestellte, die Witwe eines Schneiders, einen Pastor, einen Arzt, einen chirurgischen Assistenten und einen Priester. Er erfuhr, dass von 150 Ärzten in der Stadt 65 tot und die meisten übrigen verwundet waren. Von 1780 Krankenschwestern waren 1654 tot oder so schwer verletzt, dass sie nicht arbeiten konnten. Hersey schreibt über sein Interview mit dem Pastor:

> Er langte hinunter und ergriff eine Frau an der Hand, aber da schälte sich ihre Haut in großen, handschuhähnlichen Stücken ab. Da-

> rüber ward ihm so übel, daß er sich einen Augenblick hinsetzen mußte. [...] Dabei mußte er sich fortwährend sagen: ›Das sind menschliche Wesen.‹[2]

Nur mit solchen Szenen vor Augen sollten wir uns den erschreckend kalten Debatten nähern, die jetzt – 65 Jahre später – darüber ausbrechen, ob es richtig war, die Flugzeuge am 6. und 9. August 1945 loszuschicken. Dass diese Frage überhaupt diskutiert wird, lässt unsere moralische Kultur in einem erschreckenden Licht erscheinen.

Dennoch muss man sich solchen Debatten stellen, denn sie werden in dieser oder ähnlicher Form weiterhin geführt werden, und zwar jedes Mal, wenn die Macht des Staates dazu eingesetzt wird, Grausamkeiten zu begehen – ob in Auschwitz, My Lai, Tschetschenien, Waco/Texas, oder in Philadelphia, wo die Polizei 1985 Brandbomben auf Angehörige der MOVE-Organisation[3] abwarf.

Wenn privat organisierte, fanatische Banden Grausamkeiten begehen, dann nennen wir sie Terroristen, denn genau das sind sie auch. Es fällt uns leicht, ihre Beweggründe zu verurteilen. Aber wenn Regierungen das Gleiche tun, sogar in einem größeren Rahmen, dann fällt das Wort »Terrorismus« nie. Eher denken wir, es sei ein wertvolles Zeichen unserer Demokratie, dass das Handeln der Regierung überhaupt infrage gestellt werden darf. Sollte der Begriff »Terrorismus« nützlich sein (meiner Ansicht nach ist er es, denn er weist eine Handlung als intolerabel aus, die aus politischen Gründen willkürlich Gewalt gegen Menschen einsetzt), dann trifft er genau auf die Bombardierungen von Hiroshima und Nagasaki zu.

Der Soziologe Kai Erikson schreibt über den zuvor erwähnten Bericht der japanischen Wissenschaftler Folgendes:

> Die Angriffe von Hiroshima und Nagasaki stellten keine »Kampfhandlungen« im üblichen Sinn dar. Auch waren sie nicht in erster Linie Versuche, Militärziele zu zerstören: Beide Städte waren nicht obwohl, sondern weil sie über eine große Dichte ziviler Wohnhäuser verfügten, als Ziele ausgewählt worden. Unabhängig davon, ob das Zielpublikum russisch, japanisch, oder eine Kombination aus beiden war, waren die Angriffe eine Show, eine Darstellung, eine Demonstration. Die Frage lautet: In welcher Stimmung

> müssen grundsätzlich anständige Leute sein, welche moralischen Konflikte müssen sie mit sich ausmachen, damit sie bereit sind, fast eine Viertelmillion Menschen zu töten – allein aus dem Grund, eine Ansage zu machen?

Wir sollten die Formulierung »grundsätzlich anständige Leute« hier ausklammern, da sie zweifelhafte Fragen aufwirft: Trifft diese Beschreibung stärker auf Amerikaner zu als auf andere? Werden nicht alle Grausamkeiten von »grundsätzlich anständigen Leuten« begangen, die sich in Situationen wiederfinden, in denen ein allen Menschen gemeinsames Gespür für das Moralische beschädigt wurde?

Wir sollten uns eher der Frage widmen, die Erikson sich eigentlich stellt: Sie ist überaus wichtig, eben weil sie uns nicht erlaubt, Grausamkeiten als Taten zu sehen, die zwangsläufig von grausamen Menschen verübt werden. Ganz unabhängig davon, in welcher Gesellschaft wir leben und mit welcher »grundsätzlichen Anständigkeit« wir ausgestattet sein mögen, zwingt uns Erikson danach zu fragen, welche »Stimmung« und welche »moralischen Konflikte« uns dazu bewegen würden, entweder daran mitzuwirken (als Bombenschützen, Atomwissenschaftler, Politiker) oder einfach hinzunehmen (als folgsame Bürger), dass Kinder in großer Zahl bei lebendigem Leib verbrennen.

Eriksons Frage bezieht sich nicht nur auf ein vergangenes Ereignis, das uns heute scheinbar nicht mehr betrifft. Wir leben in einer Welt voller Gewalttaten, die im Detail anders, aber in moralischer Hinsicht ganz ähnlich zu dem sind, was in Hiroshima und Nagasaki passiert ist. Staaten, zuallererst die USA, häufen weiterhin Atomwaffen an, die tausendmal tödlicher und zehntausendmal zahlreicher sind als die Bomben von 1945. Jährlich wird eine Billion Dollar für nukleare sowie nüchtern als »konventionell« bezeichnete Waffen ausgegeben, während ebenso jedes Jahr vierzehn Millionen Kinder sterben, weil es ihnen an Nahrung oder medizinischer Versorgung fehlt.

Wir müssen uns daher das Klima des Zweiten Weltkriegs anschauen, um den psychologischen und politischen Kontext zu verstehen, in dem die Atombomben abgeworfen und als gerechtfertigt, ja als unvermeidlich gesehen werden konnten.

Es herrschte ein Klima unhinterfragter moralischer Überlegenheit – der Feind war der Faschismus, dessen Grausamkeiten auf der Hand lagen: die Konzentrationslager, die Ermordung von Gegnern, Folter durch die Geheimpolizei, Bücherverbrennung, totale Informationskontrolle, Schlägertrupps auf den Straßen, die Bestimmung vernichtungswürdiger »minderwertiger« Rassen, der unfehlbare Führer, Massenhysterie, Verherrlichung des Krieges, die Invasion anderer Länder, die Bombardierung von Zivilisten. Kein Schriftsteller hätte sich eine Macht von größerer Bösartigkeit herbeifantasieren können. Also bestand natürlich keinerlei Zweifel daran, dass der Feind aufgehalten werden musste, bevor ihm noch mehr Menschen zum Opfer fielen.

Aber genau in dieser Situation, in der ein Feind als fraglos böse erscheint, entsteht eine gefährliche Stimmung der Überlegenheit: Sie bedeutet nicht nur eine Gefahr für den Feind, sondern auch für uns selbst, für zahllose unschuldige, unbeteiligte Menschen und für zukünftige Generationen.

Über den Feind konnten wir mit Entschiedenheit urteilen, nicht aber über uns selbst. Hätten wir das getan, dann wäre uns vielleicht aufgefallen, dass die einfache Formel »sie sind absolut böse, also sind wir absolut gut« nicht aufgeht.

Das Personalpronomen »wir« stellt dabei die erste Täuschung dar, denn es macht keinen Unterschied zwischen den individuellen Gewissen der Bürger und den Interessen des Staates. Wenn wir (die Bürger) einen klaren moralischen Grund dafür haben, in den Krieg zu ziehen – in diesem Fall, um den Faschismus zu besiegen und internationale Aggression zu bekämpfen –, dann erwarten wir, dass »unsere« Regierung dieselben Motive verfolgt. In der Tat war es die Regierung, die moralische Fragen betont hat, um die Bevölkerung für den Krieg zu mobilisieren. Sie hat uns zu der Annahme verleitet, dass wir, Regierung und Bürger, die gleichen Ziele verfolgen.

Dieser Betrug hat eine lange Geschichte, vom Peloponnesischen Krieg im fünften Jahrhundert vor Christus über die Kreuzzüge und andere »religiöse« Kriege bis in die Neuzeit, in der es umso wichtiger wird, große Teile der Bevölkerung in die Kriegsanstrengung einzubeziehen. Dies geschieht durch den Einsatz moderner Kommunikationstechnologie, über die immer subtilere Botschaften moralischer Reinheit transportiert werden können.

In den USA erinnern wir uns daran, dass wir die Spanier aus Kuba verjagt haben – scheinbar, um die Kubaner zu befreien, aber eigentlich ging es darum, Kuba für unsere Banken, Eisenbahnen, Obst-Firmen und unsere Armee zu erschließen. 1917 zogen wir unsere jungen Männer ein und schickten sie in das europäische Schlachthaus, um die Welt, so Woodrow Wilson, »sicher für die Demokratie zu machen«. (Man merkt, wie schwierig es ist, die Wörter »wir« und »uns« zu vermeiden, durch die Regierung und Bevölkerung ununterscheidbar werden. Andererseits erinnert es uns daran, dass wir auch Verantwortung für die Handlungen der Regierung tragen.)

Da der Faschismus die offensichtliche Barbarei darstellte, war es im Zweiten Weltkrieg umso einfacher, davon auszugehen, dass Regierung und Bürger zu seiner Bekämpfung ein gemeinsames Motiv verfolgten. Aber können wir wirklich glauben, dass England, Frankreich und die Vereinigten Staaten mit ihrer langen Geschichte imperialistischer Herrschaft in Asien, Afrika, dem Nahen Osten und Lateinamerika gegen internationale Aggression kämpften? Gegen deutsche, italienische, japanische Aggression sicherlich. Aber gegen ihre eigene?

Die Alliierten waren dringend auf die Unterstützung der von ihnen kolonisierten Völker im Krieg angewiesen; dies hatte 1941 zur Veröffentlichung der Atlantik-Charta mit dem Versprechen der nationalen Selbstbestimmung geführt. Dennoch mussten die kolonisierten Völker Indochinas nach Kriegsende gegen die Franzosen kämpfen, Indonesier gegen Niederländer, Malaysier gegen Briten, Afrikaner gegen europäische Mächte und Filipinos gegen die Vereinigten Staaten, um das Versprechen erfüllt zu sehen.

Die Frage nach dem »Motiv« der Amerikaner in ihrem Krieg gegen Japan wird von Bruce Russett in seinem Buch *No Clear and Present Danger* so gestellt:

> In den 1930er-Jahren hatte die amerikanische Regierung wenig getan, um den japanischen Vormarsch auf dem asiatischen Kontinent aufzuhalten. [Aber:] Der südwestliche Pazifik war ohne Zweifel wirtschaftlich wichtig für die Vereinigten Staaten – zu jener Zeit wurde ein Großteil Zinn und Gummi von dort importiert, neben großen Mengen anderer Rohstoffe.

In einem Memorandum des Außenministeriums zum Thema japanischer Expansion, verfasst ein Jahr vor Pearl Harbor, findet die Unabhängigkeit Chinas oder der Grundsatz nationalstaatlicher Souveränität keine Erwähnung. Zum Thema amerikanischer Motive wird dort gesagt:

> Unsere grundsätzliche diplomatische und strategische Position würde erheblich geschwächt – durch den Verlust der Märkte in China, Indien und der Südsee (und durch

> den Verlust eines Großteils des japanischen Absatzmarkts für unsere Waren, da Japan stärker autark werden würde), sowie durch starke Einschränkungen unseres Zugangs zu Gummi, Zinn, Jute und anderen wichtigen Materialien aus dem asiatischen und ozeanischen Raum.

Das klingt bekannt. Kurz nach dem Zweiten Weltkrieg, in den frühen 1950er-Jahren, ging die umfangreiche amerikanische Hilfe für Frankreich, das darum kämpfte, seine Vorkriegskolonie Indochina zu erhalten, mit rechtschaffenen Erklärungen zur Notwendigkeit der Bekämpfung des Kommunismus einher. Dagegen sprach man in den internen Memoranda des National Security Council vom amerikanischen Bedarf an Zinn, Gummi und Öl.

In der Atlantik-Charta fanden sich fromme Verlautbarungen über nationale Selbstbestimmung und große Worte darüber, dass die Alliierten »keinerlei Erweiterung, territorial oder anderweitig« anstreben würden. Dennoch versicherte der kommissarische Außenminister Sumner Welles die französische Regierung zwei Wochen vor Veröffentlichung der Charta über folgenden Punkt: »Diese Regierung hat, um die traditionelle Freundschaft zu Frankreich wissend, tiefes Verständnis für den Wunsch des französischen Volkes, seine Territorien unversehrt zu erhalten.«

Vor diesem Hintergrund ist es verständlich, dass die Pentagon Papers, in denen das amerikanische Verteidigungsministerium die offizielle Geschichte des Vietnamkriegs dokumentierte, als streng geheim eingestuft wurden. Denn dort wird deutlich, dass Roosevelts persönlicher Repräsentant dem französischen General Henri Giraud Ende des Jahres 1942 folgende Zusicherung gegeben hatte: »Es ist selbstverständlich, dass die französische Souveränität schnellstmöglich im gesamten Gebiet wiederhergestellt wird, über dem die französische Fahne auch 1939 wehte.«

Zu den Motiven Stalins und der Sowjetunion wäre es absurd überhaupt zu fragen, ob sie gegen Polizeistaat und Diktatur kämpften. Sie kämpften gegen die deutsche Diktatur und den nationalsozialistischen Polizeistaat, nicht jedoch gegen den Terror im eigenen Land. Vor, während und auch nach dem sowjetischen Krieg gegen den Faschismus hatte der Faschismus des Gulags Bestand, und wurde noch ausgeweitet.

Die Alliierten konnten der Welt erfolgreich vorgaukeln, dass der Krieg geführt wurde, um die militärische Einmischung von Großmächten in die Angelegenheiten kleinerer Länder zu beenden. Diese Vorstellung wurde jedoch schnell in den Nachkriegsjahren zunichtegemacht, als die Siegermächte USA und UdSSR ihre Armeen oder Stellvertreter in mittelamerikanische und osteuropäische Länder schickten.

Sind die Alliierten in den Krieg gezogen, um die Juden vor Verfolgung, Inhaftierung und Vernichtung zu retten? In den Jahren vor Kriegsbeginn, als die Nazis bereits ihre brutalen Angriffe auf die Juden begonnen hatten, blieben die Vereinigten Staaten, England und Frankreich still. Präsident Roosevelt und Außenminister Hull weigerten sich, die Vereinigten Staaten gegen Hitlers antisemitische Politik in Stellung zu bringen.

Kurz nach Kriegsbeginn kamen Berichte auf, dass Hitler die Vernichtung der Juden plante. Als sich Möglichkeiten zu ihrer Rettung auftaten, versäumte es Roosevelts Regierung wieder und wieder, entschieden zu handeln. Wir wissen nicht, wie viele Juden hätten gerettet werden können, wenn man es versucht hätte. Unbestreitbar ist, dass die Rettung jüdischer Menschen nicht oberste Priorität war.

Hitlers Rassismus war in brutaler Weise offensichtlich. Der Rassismus der Alliierten, mit ihrer langen Geschichte der Unterdrückung nicht-*weißer* Menschen weltweit, schien daraufhin vergessen, außer von ebenjenen Menschen, die unter ihm litten. Viele von ihnen, wie etwa Gandhi, konnten sich nicht für einen Krieg begeistern, der von *weißen* imperialistischen Mächten gekämpft wurde, die ihnen wohlbekannt waren.

Deutlicher Widerstand regte sich in den Vereinigten Staaten, auch wenn es starke Versuche gegeben hatte, die Schwarze Bevölkerung für den Krieg zu mobilisieren. Zu jener Zeit war die Rassentrennung nicht nur in den Südstaaten Alltag, sondern sie bestand als landesweites Recht, das der Oberste Gerichtshof 1896 bestätigt hatte, und das während des Zweiten Weltkriegs uneingeschränkt galt. Nicht die Armee der Konföderierten Staaten, sondern die Streitkräfte der U.S. Army segregierten Schwarze und *weiße* Soldaten während des gesamten Krieges.

Ein Student eines Schwarzen Colleges berichtete seinem Dozenten:

> Die Armee diskriminiert uns. Die Marine lässt uns nur in der Küche arbeiten. Das Rote Kreuz lehnt unser Blut ab. Arbeitgeber und Gewerkschaften lassen uns nicht rein. Lynchmorde gibt es weiterhin. Wir sind entrechtet, diskriminiert, verachtet. Wie viel schlimmer könnte es unter Hitler denn noch sein?

Als Walter White, Vorsitzender der National Association for the Advancement of Colored People, diesen Bericht einem Publikum aus mehreren tausend Menschen im Mittleren Westen vortrug, erwartete er, dass es fassungslos reagieren würde. Doch ganz im Gegenteil: »Zu meiner Überraschung und Bestürzung brach das Publikum in einen solchen Applaus aus, dass etwa eine halbe Minute verstrich, bis ich es wieder beruhigen konnte.«

Viele Schwarze stimmten Joe Louis' berühmter Aussage zu: »Hier läuft eine Menge falsch, aber Hitler wird es nicht besser machen«, und viele wollten ihren Mut im Kampf beweisen. Aber die lange Geschichte des amerikanischen Rassismus trübte die Vorstellung, dass die Amerikaner einen idealistischen Krieg gegen den Faschismus führten.

Die Annahme, der alliierte Krieg gegen die Achsenmächte sei ein Krieg gegen den Rassismus konnte auch auf andere Weise überprüft werden, nämlich im Umgang mit japanischstämmigen Amerikanern an der Westküste nach dem Angriff auf Pearl Harbor.

Auch die Nazis wurden gehasst, aber bei den Japanern kam ein zusätzlicher Faktor hinzu, nämlich der des Rassismus. John Rankin, Kongressabgeordneter aus Mississippi, ließ nach Pearl Harbor verlautbaren: »Ich bin dafür, sofort jeden Japaner in Amerika, Alaska und Hawaii zu fangen und in Konzentrationslager zu stecken. Zur Hölle mit ihnen! Wir müssen sie jetzt loswerden!«

Die anti-japanische Hysterie wuchs. Militärische wie zivile Rassisten überzeugten Präsident Roosevelt davon, dass die japanische Community an der Westküste eine Gefahr für die Sicherheit des Landes darstellte. Im Februar 1942 unterzeichnete Roosevelt die Executive Order 9066, die die Armee dazu befugte, japanischstämmige Amerikaner an der Westküste – von denen viele in den Vereinigten Staaten geboren worden waren – zu verhaften und ohne Haftbefehl, Anklage oder Befragung in Internierungslager zu stecken, die letztlich Konzentrationslager waren.

Michi Weglyn war ein kleines Mädchen, als sie mit ihrer Familie in ein solches Lager verbracht wurde. Roosevelts berühmter Formulierung eines »Tags der Schande« (gemeint war der Angriff auf Pearl Harbor am 7. Dezember 1941) setzte sie später ihr Buch mit dem Titel *Years of Infamy* (»Jahre der Schande«) entgegen. Darin erzählt sie von Leid, Verwirrung, Wut, aber auch von Widerstand, Streiks, Petitionen, Massenversammlungen und Aufständen gegen die Lagerleitung.

John Dower dokumentiert in seinem Buch *War Without Mercy* die rassistische Atmosphäre, die sich nach dem Angriff schnell in Japan und den Vereinigten Staaten entwickelte. Das *TIME Magazine* schrieb: »Der durchschnittliche, vernunftlose *Jap*[4] ist ignorant. Vielleicht ist er auch ein Mensch. Aber nichts deutet darauf hin.«

Die japanische Armee hatte furchtbare Verbrechen in China und auf den Philippinen begangen. Das hatten alle Armeen getan, überall, dennoch wurden Amerikaner nicht zu Untermenschen gemacht, auch wenn amerikanische Streitkräfte dem Kriegsreporter Edgar Jones zufolge im Pazifik »Kriegsgefangene erschossen, Krankenhäuser zerstörten und Rettungsboote unter Beschuss nahmen.«

Auch deutsche Städte bombardierten wir großflächig – zwar setzten wir dabei keine Atombomben ein, dennoch forderten die Bombardierungen große zivile Opfer. Aber hier zeigt sich die Niedertracht des Rassismus, denn er verstärkt alle anderen Faktoren: Der beharrlich propagierte Gedanke, dass die Japaner minderwertig seien, spielte wahrscheinlich eine Rolle in der Bereitschaft, zwei Städte auszulöschen, in denen Menschen lebten, die nicht *weiß* waren.

Die amerikanische Bevölkerung wurde somit offenkundig darauf vorbereitet, die Bombardierung von Hiroshima und Nagasaki hinzunehmen, ihr sogar zu applaudieren. Ein Grund dafür war, dass jetzt zwar eine neue, mysteriöse Technologie zum Einsatz kam, der Angriff aber ansonsten wie eine Fortsetzung der massiven Bombardierungen europäischer Städte anmutete.

Niemandem schien die Ironie der Tatsache aufzufallen, dass einer der Gründe für die große Empörung gegen die faschistischen Mächte ihre willkürliche Bombardierung der Zivilbevölkerung gewesen war: Italien hatte 1935 Zivilisten in Äthiopien bei der Eroberung des Landes bombardiert. Japan hatte Shanghai, Nanking und andere chinesische Städte bombardiert. Deutschland und Italien hatten Madrid, Guernica und andere Städte im Spanischen Bürgerkrieg bombardiert. Zu Beginn des Zweiten Weltkriegs hatten deutsche Flugzeuge Bomben auf die Zivilbevölkerung Rotterdams und Coventrys abgeworfen.[5]

Franklin D. Roosevelt beschrieb diese Bombenangriffe als »unmenschliche Barbarei, die nachhaltig das Gewissen der Menschheit erschüttert hat«. Aber sehr bald würden die Vereinigten Staaten und Großbritannien dasselbe tun, sogar in noch größerem Maßstab. Die Alliierten trafen sich im Januar 1943 in Casablanca und beschlossen schwere Luftangriffe mit dem Ziel der »Zerstörung und Verlagerung des deutschen Militär-, Industrie- und Wirtschaftssystems« und der »Untergrabung der Moral des deutschen Volkes bis zu einem Punkt [...], an dem seine Fähigkeit zum bewaffneten Widerstand tödlich geschwächt ist.«

Der Euphemismus einer »Untergrabung der Moral« verschleiert die Tatsache, dass die Massentötung von Zivilisten durch Flächenbombardement jetzt zur wichtigen Kriegsstrategie wurde. Nach dem Zweiten Weltkrieg würde sie allgemein akzeptiert werden, auch wenn Staaten pflichtbewusst die UN-Charta unterzeichneten und schworen, zukünftige Generationen »vor der Geißel des Krieges bewahren« zu wollen. Flächenbombardierungen würden weiterhin zur amerikanischen Militärstrategie gehören, ob in Korea, Vietnam, Irak oder Afghanistan.

Kurzum, Terrorismus, der von Regierungen verdammt wurde, wenn nationalistische oder religiöse Extremisten ihn verübten, wurde zur offiziellen Politik. Seine Legitimität rührte daher, dass man ihn zur Bekämpfung der faschistischen Kräfte eingesetzt hatte. Aber eigentlich hielt er den Geist des Faschismus am Leben.

Im November 1942 verkündete Sir Charles Portal,

Chef des britischen Luftwaffenstabs, dass 1943 und 1944 1,5 Millionen Tonnen Bomben über Deutschland abgeworfen werden könnten, die sechs Millionen Wohnungen zerstören, 900 000 Menschen töten und viele mehr schwer verletzen könnten. Der britische Historiker John Terraine, der darüber in seinem Buch *The Right of the Line* schrieb, nennt dies »die Anordnung eines Massakers, nicht mehr und nicht weniger«.

Mit amerikanischer Zustimmung entschieden sich Churchill und seine Berater dafür, Arbeiterviertel in deutschen Städten zu bombardieren, und das Flächenbombardement begann. Es folgten Tausendbomberangriffe auf Köln, Essen und Frankfurt. Im Sommer 1943 führte die Bombardierung von Hamburg zum *Feuersturm*, in dem die massive Hitze, die durch die Bomben entstanden war, die Luft aufsog und so hurrikanartige Winde entstehen ließ, durch die sich die Flammen über die ganze Stadt ausbreiteten.

In Dresden entfachten britische Flugzeuge im Februar 1945 in der Nacht Feuerstürme, während amerikanische Bomber tagsüber die Zerstörung der Stadt vorantrieben. Viele Flüchtlinge hielten sich zu diesem Zeitpunkt in Dresden auf, und niemand weiß, wie viele starben. Es waren mindestens 35 000. Vielleicht auch

100 000.[6] Kurt Vonnegut vermittelt uns einen Eindruck dieses Horrors in seinem Roman *Slaughterhouse Five* (dt. *Schlachthof 5*).

In seinen Kriegserinnerungen notiert Winston Churchill nur knapp: »Im Februar flogen wir einen schweren Angriff auf Dresden, damals ein Kommunikationszentrum der deutschen Ostfront.« Der britische Pilot eines Lancaster-Bombers ließ dagegen ein deutlicheres Bild entstehen: »Ein Meer aus Feuer erstreckte sich nach meiner Schätzung über etwa 130 Quadratkilometer.«

Ein weiteres Ereignis, an das sich Überlebende erinnerten, ist ein Angriff amerikanischer Kampfflugzeuge am 14. Februar 1945, die Ansammlungen von Flüchtlingen am Ufer der Elbe mit Maschinengewehren beschossen. Eine deutsche Frau berichtete Jahre später: »Wir rannten an der Elbe entlang und mussten über die Leichen treten.«

Der Schauspieler Richard Burton, der in einem Fernsehfilm die Rolle Winston Churchills spielen sollte, schrieb im Nachhinein:

> Als ich mich auf die Rolle vorbereitete, wurde mir erneut klar, dass ich Churchill und Leute wie ihn hasste. Im Laufe der Geschichte hat-

> ten sie unendliche Macht. [...] Welcher vernünftige Mensch würde, wenn er von den Grausamkeiten Japans hört, sagen: »Wir müssen sie vernichten, jeden Einzelnen von ihnen, Männer, Frauen und Kinder. Kein einziger Japaner soll auf der Erde zurückbleiben.« Dieses nackte Verlangen nach Rache lässt mich mit erschrockener, widerwilliger Ehrfurcht vor einer derartigen Bösartigkeit zurück.

Die Briten flogen in der Nacht und führten »Flächenbombardierungen« aus, ohne auch nur den Anschein zu erwecken, bestimmte militärische Ziele anzuvisieren. Die Amerikaner flogen am Tag und täuschten Genauigkeit vor, aber bei Bomben, die aus großer Höhe abgeworfen werden, ist das unmöglich. (Bei meinen Übungsflügen in Deming, New Mexico, wurden unsere Egos damit aufgebaut, eine Bombe aus 1,2 Kilometern Höhe in einem Umkreis von etwa 6 Metern abzuwerfen. Aber in 3 Kilometern Höhe wäre es wahrscheinlicher, dass wir um 60 Meter danebenlagen. Bei Kampfeinsätzen in 9 Kilometern Höhe konnten wir unser Ziel sogar um 400 Meter verfehlen.)

Das Ausmaß an Selbsttäuschung war enorm – nicht bei den Politikern, die ihre Entscheidungen bewusst trafen, sondern bei den niederrangigen Militärs, die sie ausführten. Wir waren wütend darüber, dass die Deutschen Städte bombardiert hatten und einige hundert oder tausend Menschen getötet hatten. Aber jetzt töteten die Briten und die Amerikaner Zehntausende mit einem einzigen Luftangriff. Der Historiker Michael Sherry bemerkt in seiner wichtigen Abhandlung *The Rise of American Air Power*, dass »nur wenige in der Luftwaffe Fragen stellten«. (Gewiss gehörte ich zu denen, die keine Fragen stellten, denn ich war an der Napalm-Bombardierung der französischen Stadt Royan wenige Wochen vor dem Ende des Krieges in Europa beteiligt.)

Die Regierung konnte zudem Journalisten und Autoren für ihre Propagandakampagne gewinnen, so auch den Schriftsteller John Steinbeck, der 1942 in seinem Buch *Bombs Away* beteuerte: »Wir waren alle Teil der Kriegsanstrengung.«

Am 10. März 1945, einen Monat nach der Bombardierung Dresdens, flogen dreihundert B-29-Bomber über Tokio in geringer Höhe. Sie hatten Napalmzylinder und Magnesium-Brandbomben in 500-Pfund-Bündeln an Bord. Es war schon nach Mitternacht. Über eine Million Menschen hatten Tokio verlassen, sechs Millionen waren in der Stadt verblieben. Feuer fegte mit unglaublicher Geschwindigkeit durch die dürftigen Behausungen der Armen. Die Atmosphäre wurde auf fast 1000 Grad Celsius überhitzt. Menschen flohen in den Fluss und starben im kochenden Wasser. Schätzungen zufolge wurden 85 000 bis 100 000 Menschen getötet – sie starben an Sauerstoffmangel, Kohlenstoffmonoxidvergiftung, Strahlungshitze, verbrannten in den Flammen, wurden durch umherfliegende Trümmer erschlagen oder zu Tode getrampelt (Masuo Kato: *The Lost War: A Japanese Reporter's Inside Story*).

Der damals 12-jährige Katsumoto Saotome erzählt: »Es war, als ob man sich ein Bild durch einen roten Filter hindurch ansah, das Feuer schien lebendig zu sein. Wie eine lebendige Kreatur rannte es uns hinterher, es jagte uns.«

In jenem Frühling folgten mehrere solcher Angriffe auf Kobe, Nagoya, Osaka, und Ende Mai eine weitere massive Bombardierung des bereits zerstörten Tokio. Die Presse begleitete die Bombardierungen, indem sie die Entmenschlichung des Feindes weiter vorantrieb: Im *LIFE Magazine* wurde das Foto eines Japaners, der bei lebendigem Leib verbrannte, mit dem Kommentar »Es geht nur so« versehen.

Als die Entscheidung gefällt wurde, die Atombombe auf Hiroshima abzuwerfen, waren wir also bereits mental darauf eingestimmt worden. Die anderen stellten das absolut Böse dar. Was immer wir auch taten – es musste moralisch richtig sein. Hitler, Mussolini, Tojo und ihre Generalstäbe waren von deutschen Zivilisten oder japanischen Schulkindern nicht mehr zu unterscheiden. US-Luftwaffengeneral Curtis LeMay erklärte in diesem Sinne: »Es gibt keine unschuldigen Zivilisten.« (Knapp 20 Jahre später würde ein weiteres Zitat von LeMay Berühmtheit erlangen: »Wir werden sie zurück in die Steinzeit bomben.«)

Franklin D. Roosevelt starb im April 1945. Wir wissen nicht, ob die Geschichte anders verlaufen wäre, hätte er und nicht Truman im Weißen Haus gesessen, als die Entscheidung gefällt wurde. Wir neigen dazu, tote Präsidenten zu romantisieren und sie als gutmütiger als ihre Nachfolger darzustellen. Immerhin war Roosevelt auch im Amt gewesen, als deutsche und japanische Städte mit Flächenbombardements überzogen wurden.

Roosevelts Nachfolger, Harry S. Truman, der in seiner Zeit als Vizepräsident nichts vom Bau der Bombe gewusst hatte, wurde über das Manhattan Project unterrichtet. Kurze Zeit später endete der Krieg in Europa. Nach einer der blutigsten Schlachten im Pazifikkrieg eroberten U.S.-Streitkräfte im Juni die Insel

Okinawa, die etwa 800 Kilometer vom japanischen Mutterland entfernt liegt. Die USA rückten Japan gefährlich nah.

Ab diesem Zeitpunkt wird absehbar, dass Japan den Krieg schnell beenden wollte. (Ich beziehe mich dabei auf die Forschung von Martin Sherwin in *A World Destroyed* und Robert Butow, der japanische Amtsträger kurz nach dem Krieg befragte und das Buch *Japan's Decision to Surrender* schrieb.) Ende Juni erhielt Außenminister Togo durch sechs Mitglieder des japanischen Obersten Kriegsrats die Genehmigung, an die Sowjetunion heranzutreten. Das Ziel lautete dabei, »den Krieg möglichst bis September zu beenden«.

Botschafter Sato wurde nach Moskau geschickt, um die Möglichkeit einer bedingten Kapitulation auszuloten. (Die Sowjetunion hatte versprochen, nach dem Sieg in Europa in den Pazifikkrieg einzutreten; offiziell bestand noch ein Neutralitätsabkommen mit Japan.) Am 13. Juli telegrafierte Außenminister Togo an Sato: »Die bedingungslose Kapitulation ist die einzige Hürde, die dem Frieden im Weg steht. Es ist der innige Wunsch Seiner Majestät, den Krieg schnell zu beenden.«

Die USA hatten bereits zu Beginn des Krieges den japanischen Code geknackt und mussten daher den

Inhalt von Togos Telegramm gekannt haben. Dennoch bestanden die Vereinigten Staaten und ihre Verbündeten auf der Potsdamer Konferenz später im selben Monat darauf, dass Japan, das bereits massiv zerstört war und am Rande der Niederlage stand, bedingungslos kapitulierte.

Joseph Grew, früherer Botschafter in Japan, und andere, die mit den Funktionsweisen der japanischen Gesellschaft vertraut waren, hatten eine Übereinkunft vorgeschlagen, die einer bedingungslosen Kapitulation gleichkam, jedoch eine Bedingung stellte: den Erhalt der japanischen Monarchie und des Kaisers, der als heilig verehrt wurde. Aus ihrer Sicht würde dies unzählige Leben retten, da ein frühes Ende des Krieges möglich wurde.

Die Ablehnung dieses Vorschlags legt die Schlussfolgerung nahe, dass den Vereinigten Staaten stärker daran gelegen war, der Welt – insbesondere der Sowjetunion – ihr Arsenal an Atomwaffen zu präsentieren, als den Krieg schnellstmöglich zu beenden. Denn nachdem die Bomben abgeworfen waren –, nachdem die Ansage also gemacht worden war –, akzeptierten die Vereinigten Staaten die Unantastbarkeit des Kaisers.

Wurden Hiroshima und Nagasaki komplett zerstört, um eine Ansage zu machen?

Es fällt uns schwer, den Holocaust zu begreifen. Vielleicht kann er als Versuch der Nazis verstanden werden, die Bedeutung »rassischer Minderwertigkeit« zu demonstrieren. Können wir dann verstehen, dass 200 000 Menschen ermordet wurden, um die Bedeutung amerikanischer Macht zu demonstrieren?

Die beeindruckende Forschung des Wirtschaftshistorikers Gar Alperovitz, der in seinem Werk *Atomic Diplomacy* Dokumente der Schlüsselfiguren um Truman – von Kriegsminister Henry Stimson, Marineminister James Forrestal und Trumans engstem persönlichen Berater James Byrnes – untersucht, liefert triftige Beweise für diesen Schluss. Henry Stimson berichtete Truman kurz vor der Potsdamer Konferenz, dass die Bombe, die jetzt getestet und bereit sei, einen »Royal Flush« darstelle, »der auf keinen Fall verspielt werden sollte«. Byrnes riet dem Präsidenten, dass die Bombe »uns über die Bedingungen des Kriegsendes entscheiden lassen würde«. James Forrestal notierte in seinem Tagebuch, dass Byrnes sehr daran gelegen war, »die japanische Sache hinter sich zu bringen, bevor die Russen einrücken«.

Trumans geheime Tagebücher wurden erst 1978 entdeckt. Darin liest man, dass Truman eine der Nachrichten, die durch den amerikanischen Geheimdienst abgefangen wurden, als »das Telegramm des *Jap*-Kaisers, der Frieden will« bezeichnete. Und nachdem Stalin bestätigt hatte, dass die Rote Armee gegen Japan in den Krieg ziehen würde, schrieb Truman: »*Japs* am Ende, wenn das passiert.«

Es scheint also, als ob Truman nicht wollte, dass die *Japs* durch russische Intervention »am Ende« sein sollten, sondern durch amerikanische Bomben. Dies erklärt die offensichtliche Eile, mit der die Bombe im August abgeworfen wurde, nur wenige Tage bevor die Russen in den Krieg eintreten sollten, und Monate bevor eine Invasion Japans geplant war.

Der britische Physiker P.M.S. Blackett, der zu Churchills Beratern gehörte, schrieb in seinem Buch *Fear, War and the Bomb* dazu, dass der Abwurf der Bombe »die erste großangelegte Operation des kalten diplomatischen Krieges mit Russland darstellte«.

Nach einer drei Jahre andauernden Kampagne erreichte Gar Alperovitz im August 1994 die Freigabe von 800 Seiten abgefangener Korrespondenz durch den National Security Council, der zuvor darauf beharrt hatte, dass die Geheimhaltung der Dokumente höchstrelevant für die »nationale Sicherheit« sei. Alperovitz zufolge zeigen die Dokumente, dass »Truman bereits drei Monate vor Hiroshima persönlich über japanische

Friedensinitiativen durch Schweizer und portugiesische Kanäle unterrichtet worden war«.

Zudem tauchte der Bericht eines deutschen Diplomaten auf, der am 5. Mai 1945 nach einem Gespräch mit einem japanischen Marineoffizier nach Berlin schrieb: »Da die Situation als aussichtslos erkannt wurde, wären große Teile der japanischen Streitkräfte bereit, ein amerikanisches Kapitulationsgesuch anzunehmen, selbst unter harten Bedingungen.« Die offiziellen Dokumente zeigten, dass Mitarbeiter des U.S. Geheimdienstes diesen Bericht den Dienstweg hochtrugen.

Endlose Diskussionen haben darüber stattgefunden, wie viele Amerikaner bei einer Invasion Japans ihr Leben gelassen hätten. Truman ging von einer halben Million aus, Churchill von einer Million. Diese Zahlen waren an den Haaren herbeigezogen; der Historiker Barton Bernstein konnte keine Anhaltspunkte für Opferzahlen größer als 46 000 ausmachen.

Die gesamte Diskussion um Opferzahlen erscheint sinnlos, denn sie geht davon aus, dass der Krieg nur durch eine amerikanische Invasion Japans hätte beendet werden können. Aber die Beweislage deutet klar darauf hin, dass die Japaner bereits kurz vor der Kapitulation standen – eine einfache Versicherung darüber, dass das japanische Kaisertum auch nach einer

Kapitulation erhalten geblieben wäre, hätte demnach ausgereicht, um den Krieg zu beenden.

Militäranalytiker Hanson Baldwin schrieb kurz nach dem Krieg in der *New York Times:*

> In militärischer Hinsicht war der Feind in einer strategisch aussichtslosen Lage, als in Potsdam die Forderung nach bedingungsloser Kapitulation am 26. Juli aufkam. So stellte sich die Situation dar, als wir Hiroshima und Nagasaki zerstörten. War es notwendig? Niemand kann diese Frage mit absoluter Sicherheit beantworten. Aber die Antwort lautet höchstwahrscheinlich Nein.

Die »United States Strategic Bombing Survey«, deren Mitarbeiter wichtige japanische Entscheidungsträger direkt nach dem Krieg befragten, kam zu diesem offiziellen Ergebnis:

> Nach ausführlicher Untersuchung aller Fakten und gestützt auf die Aussagen überlebender japanischer Führungspersönlichkeiten kommt die Befragung zu dem Schluss, dass Japan mit großer Sicherheit vor dem 31. De-

> zember 1945 und mit hoher Wahrscheinlichkeit vor dem 1. November 1945 kapituliert hätte, auch wenn die Atombomben nicht abgeworfen worden wären, auch wenn Russland nicht dem Krieg beigetreten wäre, auch wenn keine Invasion geplant oder in Betracht gezogen worden wäre.

Es scheint nicht so, als hätten Truman und seine Berater in irgendeiner Weise infrage gestellt, dass die Bombenabwürfe in Hiroshima und Nagasaki notwendig seien. Die große Frage schien lediglich darin zu bestehen, welches Ziel sich am besten eignete, und mit dieser Aufgabe wurde ein sogenanntes »Interim Committee« unter Henry Stimson betraut. Auf James Byrnes' Empfehlung hin entschied das Interim Committee in Stimsons Abwesenheit, dass die Bombe »so bald als möglich auf eine Kriegsfabrik abgeworfen werden sollte, in deren Umgebung sich Arbeiterwohnungen befinden [...] ohne vorherige Warnung.«

Wissenschaftler der University of Chicago unter der Leitung von Nobelpreisträger James Franck schlugen vor, die Bombe in einer abgelegenen Gegend zu zünden – eine solche Demonstration ihrer zerstörerischen Kraft sollte die Japaner zur Kapitulation bewegen. Lediglich ein Mitglied des Interim Committee stimmte diesem Vorschlag zu, Unterstaatssekretär der Marine Ralph Bard. Aber der »Wissenschaftliche Rat« des Interim Committee, dem auch Robert Oppenheimer – der leitende und für die Konstruktion der Bombe verantwortliche Wissenschaftler – angehörte, lehnte den Vorschlag ab, wie auch das restliche Komitee.

Später sagte Oppenheimer, der Wissenschaftliche Rat hatte »keinen blassen Schimmer von der militärischen Situation in Japan. [...] Aber wir behielten den Gedanken im Hinterkopf, dass ein Einmarsch unvermeidlich war, denn das war uns so gesagt worden.«

Auf den höheren Ebenen der Regierung widersetzte sich General Dwight Eisenhower der vorherrschenden Meinung. Eisenhower war von Stimson über den Einsatz der Bombe unterrichtet worden und schrieb später über das Treffen:

> Während er die relevanten Punkte vortrug, stieg eine Gefühl der Schwermut in mir auf, und ich teilte ihm meine ernsten Bedenken mit. Erstens war ich überzeugt, dass Japan bereits besiegt war und ein Bombenabwurf damit völlig unnötig. Zweitens war ich der Ansicht, dass unser Land die Weltöffentlich-

> keit nicht mit einer Waffe schockieren sollte, deren Einsatz meines Erachtens nicht länger erforderlich war, um das Leben von Amerikanern zu retten.

Ein weiterer Abweichler war Admiral William D. Leahy, Vorsitzender der Generalstabschefs, obwohl nicht gesichert ist, dass er diese Meinung bereits vor dem Bombenabwurf vertrat. Leahy sagte: »Der Gebrauch dieser barbarischen Waffe in Hiroshima und Nagasaki trug nicht erheblich zu unserem Sieg über Japan bei. Japan war bereits besiegt und zur Kapitulation bereit.«

Der B-29-Bomber mit dem Namen Enola Gay startete dennoch am 6. August 1945 von der Pazifikinsel Tinian und warf um 8:16 Uhr seine Bombe auf Hiroshima. Sie explodierte etwa 600 Meter über dem Hof des Shima-Krankenhauses, knapp 170 Meter von dem Zielpunkt entfernt, den Bombenschütze Tom Ferebee anvisiert hatte. Paul Tibbets, Pilot der Enola Gay, sagte später: »Es war alles sehr unpersönlich.«

Trumans unmittelbare Reaktion auf den Abwurf der Bombe war euphorisch: »Das ist das größte Ereignis in der Geschichte.« (David McCulloughs bewundernde Biografie Trumans vertuscht seine Verstrickung in dieses »größte Ereignis«, das eigentlich eine der größten Barbareien darstellt.)

Er verkündete: »Die Welt wird zur Kenntnis nehmen, dass die erste Bombe auf die Militärbasis Hiroshima abgeworfen wurde.« Trumans Aussage war absurd: Es stimmte, dass sich militärische Einheiten in Hiroshima befanden – 43 000 Militärangehörige, denen jedoch 250 000 Zivilisten gegenüberstanden. Die Bombe riss alle in den Tod, ob sie Teil des Militärs waren oder nicht.

Anscheinend wurde kein konkreter Beschluss gefasst, die Bombe mit dem Namen »Fat Man« drei Tage später auf Nagasaki abzuwerfen (die Hiroshima-Bombe hatte den Namen »Little Boy« erhalten) – Vorbereitungen waren getroffen worden, und sie liefen jetzt ohne größere Überlegungen weiter. Laut Peter Wyden »erwog niemand die Möglichkeit, den zweiten Bombenabwurf hinauszuzögern« (*Day One: Hiroshima and After*).

Ein Grund für das Ausbleiben jeglicher Diskussion könnte in der unterschiedlichen Zusammensetzung der Bomben bestehen: In der Hiroshima-Bombe wurden Uran-Atome gespalten, wohingegen für die Nagasaki-Bombe Plutonium verwendet wurde. Es stand also die Frage im Raum, ob Plutonium auf dieselbe Weise wie Uran funktionieren würde. Oft finden

Militäreinsätze nicht aus militärischer Notwendigkeit statt, sondern um neue Waffen zu testen. Dass Menschenleben für den technologischen »Fortschritt« geopfert werden, gehört damit zur Geschichte moderner »Zivilisation«.

Die Menschen, die im Krieg geopfert werden, sind nicht nur die »anderen«, sondern immer auch die eigenen: diejenigen, die ins Kreuzfeuer geraten. Das wird als ganz selbstverständlich hingenommen, denn es steht im Dienste eines größeren Zwecks. Am 31. Juli 1945, so schreibt Martin Sherwin, erreichte eine Nachricht aus dem Hauptquartier der amerikanischen Luftwaffe in Guam eine höhere Stelle:

> Berichte von Kriegsgefangenen-Quellen, nicht fotografisch überprüfbar, geben Standort von alliiertem Kriegsgefangenenlager eineinhalb Kilometer nördlich des Stadtzentrums von Nagasaki. Beeinflusst dies die Wahl dieses Ziels für Operation Centerboard[7]? Bitte um sofortige Antwort.

Und die Antwort folgte: »Ursprüngliche Ziele für Centerboard bleiben unverändert.«

Die amerikanischen Bombardierungen hatten also

auch amerikanische Opfer gefordert. 1977 entdeckte ein Forscher in den Archiven des japanischen Außenministeriums eine Liste amerikanischer Gefangener, die bei der Bombardierung Hiroshimas getötet worden waren. Die U.S. Army bestritt jegliches Wissen darüber und gab an, dass ihre Personalakten durch einen Brand zerstört worden seien. Später stieß der Dokumentarfilmer Gary DeWalt jedoch auf Akten des Generaladjutanten, die die Opfer auf der Liste des Außenministeriums bestätigten.

Die Überschrift lautete: »Im Kampf gefallen, Hiroshima, Japan, 6. August 1945«. Es waren zehn Gefangene aus drei Fliegerbesatzungen, die sich 800 Meter vom Zielpunkt entfernt aufgehalten hatten.

Mehrere amerikanische Gefangene wurden unmittelbar nach der Bombardierung von einem japanischen Christen namens Fukui nach Hiroshima gebracht.[8] Fukui berichtete dem Filmemacher DeWalt später:

> Ich bat den Fahrer anzuhalten, als die Scheiterhaufen in der Stadt noch brannten, und sagte zu den amerikanischen Soldaten: ›Seht. Das blaue Licht dort drüben sind Frauen, die brennen. Babys, die brennen. Gefällt es euch, brennende Babys zu sehen?‹

Mehrere amerikanische Soldaten, die nach Hiroshima mit dem Fallschirm über Japan absprangen, wurden erstochen, erschossen oder von wütenden Zivilisten totgeschlagen – einer wurde von einer Menschengruppe auf der Aioi-Brücke, die der Zielpunkt der Enola Gay gewesen war, gesteinigt und geprügelt.

Dies sind nur wenige der Amerikaner, die durch amerikanisches Bombardement getötet wurden. Mehr als 50 000 Soldaten der Luftwaffe starben im Kampf, auch wenn, laut Michael Sherry, nie ernsthaft erforscht wurde, wie die massive Bombardierung von Städten zum Sieg führen sollte. Ein »Committee of Operation Analysts« hatte prognostiziert, dass die Feuerbombardierung Japans mehr als eine halbe Million Menschen in sechs Städten töten würde, aber, so Sherry: »Wie gewöhnlich gab es keine Prognosen, wie solche Angriffe zum endgültigen Sieg beitragen sollten.«

Lange nach dem Krieg, 1992, wurde George Zabelka, Priester der Bomberstaffel, die die Bomben über Hiroshima und Nagasaki abwarf, von der Zeitung *Catholic Worker* interviewt:

> Das Töten von Zivilisten im Krieg war immer von der Kirche verboten worden. Wenn ein Soldat zu mir kam und fragte, ob er eine

> Kugel durch den Kopf eines Kindes schießen durfte, hätte ich das natürlich verneint. […] Aber 1945 war die Insel Tinian der größte Flugplatz der Welt. Rund um die Uhr hoben drei Flugzeuge pro Minute ab. Viele dieser Flugzeuge flogen nach Japan mit dem erklärten Ziel, nicht ein Kind oder einen Zivilisten zu töten, sondern Hunderte und Tausende Kinder und Zivilisten zu ermorden – und ich blieb still. […] Keinen einzigen Gottesdienst gegen das Töten von Zivilisten predigte ich zu den Männern, die genau das taten. Ich war gehirngewaschen worden. Der Gedanke, offen dagegen zu protestieren, war mir nie gekommen. Mir wurde gesagt, es sei notwendig, explizit wurde mir das so vom Militär gesagt, implizit von den Kirchenobersten. Nach meinem Wissen trat kein einziger amerikanischer Kardinal oder Bischof diesen Großangriffen entgegen. […] Gott stand auf der Seite meines Landes. Japan war der Feind.

Zabelka kehrte 1984 als alter Mann nach Hiroshima und Nagasaki zurück, um »meinen Gott zu treffen […], den einzigen Gott, den ich bewundern und lieben konnte, einen Gott, der in der Geschichte der Menschheit beheimatet ist und mit ihr leidet. Ich würde einen Gott hassen und fürchten, der als entmenschlichter König über den Qualen der Menschheit thront.« Kurz nach seinem Interview mit dem *Catholic Worker* starb er.

Genau wie Zabelka hinterfragte auch sonst niemand das eigene Tun. Die Wissenschaftler, die die Bombe geschaffen hatten, mutmaßlich die klügsten Menschen ihrer Zeit, stellten – mit Ausnahme weniger Furchtloser – keine Fragen. Freeman Dyson war Physiker und Einsatzanalytiker beim Royal Air Force Bomber Command. Vor dem Krieg hatte er sich als Pazifist nach dem Vorbild Gandhis gesehen, aber als der Krieg andauerte, fand er immer wieder Rechtfertigungen für das, was getan wurde. Jahre später schrieb er darüber in seinem Buch *Disturbing the Universe*. Erst ganz am Ende, nachdem der Schaden angerichtet war, hielt er inne und kam zu dem Schluss: »Eine gute Sache kann sich zum Bösen wenden, wenn wir sie mit mörderischen Mitteln erkämpfen.«

Die Wissenschaftler, die an der Konstruktion der Bombe arbeiteten, so Dyson, »bauten die Bombe nicht nur – sie hatten Spaß an ihrer Arbeit«. Der Historiker Michael Sherry schreibt, die Stimmung in Los Alamos sei von »technologischem Fanatismus« beherrscht gewesen.

Wir wissen nicht, ob es am »technologischen Fanatismus« oder eher an der wachsenden Verrohung jener lag, die ihre »gute Sache« aus den Augen verloren hatten. Jedenfalls sah sich das Oberkommando der USA dazu veranlasst, am 14. August 1945, dem letzten Tag des Krieges, fünf Tage nach der Zerstörung Nagasakis, einen Tausendbomberangriff auf mehrere japanische Städte anzuordnen. Als Truman das Ende des Krieges verkündete, war das letzte Flugzeug von seinem Einsatz noch nicht zurückgekehrt.

Der japanische Autor Oda Makoto, damals 13 Jahre alt, schrieb später über Osaka, das wie andere Städte am 14. August bombardiert worden war. Als sich der Himmel aufklärte, ging er hinaus auf die Straße und fand inmitten der Leichen amerikanische Flugblätter, die mit den Bomben abgeworfen worden waren. Auf ihnen stand in japanischer Sprache geschrieben: »Eure Regierung hat sich ergeben. Der Krieg ist vorbei.«

In seinem Buch *Lawrence and Oppenheimer* beschreibt Noel Davis die am Manhattan Project beteiligten Wissenschaftler als »Männer, die ihr Gefühlsleben Oppenheimer überantwortet hatten«. Oppenheimer kann kaum als ein verlässlicher Verwahrer von Emotionen gelten – auch wenn er ein brillanter Physiker war, blieb er wie alle anderen Beteiligten dem Fanatismus verhaftet. Als General Leslie Groves, der Leiter des Manhattan Project, ihn über den Bombenabwurf über Hiroshima in Kenntnis setzte, sagte Oppenheimer: »Alle sind recht zufrieden und ich richte meinen herzlichen Glückwunsch aus. Ein langer Weg liegt hinter uns.« (Ob sich im vorsichtig ausgedrückten »recht zufrieden« der Anflug eines Zweifels zeigte?)

Selbst für diejenigen, die »recht zufrieden« mit dem Ergebnis waren, muss ein Gefühl der Ernüchterung aufgekommen sein, als der 24-jährige Physiker Harry Daghlian nur zwölf Tage nach der Bombardierung von Nagasaki bei einem weiteren Experiment in Los Alamos versehentlich seine rechte Hand einer großen Menge Strahlung aussetzte. Seine Hände schwollen an, er begann zu halluzinieren, hatte schreckliche Schmerzen, verlor seine Haare und seine Blutwerte verschlechterten sich drastisch. Er verstarb innerhalb eines Monats. Ob die Wissenschaftler – oder irgendjemand – begriffen, dass es Harry Daghlians Fall einige hunderttausendmal in Hiroshima und Nagasaki gab? Nur neun Tage nach Daghlians Unfall wurde die Association of Los Alamos Scientists gegründet, um die

Nachkriegswelt vor den Gefahren des Nukelartods zu warnen.

Und auch einige Wissenschaftler hatten sich der triumphierenden Stimmung widersetzt, die nach dem Ende des Krieges aufgekommen war. Zu ihnen gehörte auch der Physiker Leo Szilárd. Auf indirektem Weg ging die Gründung des Manhattan Project auf Szilárd zurück, denn er war derjenige, der Albert Einstein 1942 davon überzeugt hatte, einen Brief an Präsident Roosevelt zu schreiben, mit der Bitte, eine solche Unternehmung voranzutreiben. Ironischerweise – oder eher »natürlicherweise« – war Einstein die Mitarbeit an dem Geheimprojekt verwehrt worden. Der einflussreiche Ingenieur Vannevar Bush schrieb dem Direktor des Institute for Advanced Study an der Universität Princeton, an dem Einstein arbeitete: »Ich wünschte, ich könnte ihm diese ganze Angelegenheit auftischen […], aber angesichts der Haltung von Leuten hier in Washington, die sich seine ganze Geschichte angesehen haben, ist das völlig ausgeschlossen.« (Denn zu Einsteins »Geschichte« gehörten Pazifismus und auch Sozialismus.)

Szilárd versuchte alles, um Widerstand gegen den Bombenabwurf zu organisieren. Noch vor dem ersten Test der Bombe hatte er ein Memorandum an Roosevelt verfasst, das die Zukunft vorwegzunehmen schien: »Die womöglich größte Gefahr ist die drohende Aussicht, dass unsere ›Demonstration‹ nuklearer Waffen einen Wettlauf in der Produktion ebenjener zwischen den Vereinigten Staaten und Russland entfesseln wird.« (Er hatte Recht: Bereits 24 Stunden nach der Bombardierung von Hiroshima wies Stalin sowjetische Wissenschaftler an, die Arbeit am Bau einer Bombe aufzunehmen.)

Nachdem Nachrichten über den Abwurf der Bombe eingetroffen waren, schrieb Szilárd einem befreundeten Wissenschaftler: »Ich gehe davon aus, dass Du die Zeitungen von heute gesehen hast. Der Einsatz von Atombomben gegen Japan ist eine der größten Dummheiten der Geschichte.«

Indem er die Atombombe als »Dummheit« bezeichnete, wich Szilárd den moralischen Fragen aus, die sich durch den Bombenabwurf aufdrängten. Andere Zeitgenossen hingegen stellten sich diesen Fragen direkt.

Dwight Macdonald, Herausgeber der Zeitschrift *Politics,* in der unorthodoxe Perspektiven zu Kriegszeiten erschienen, hatte Folgendes über den Holocaust geschrieben: »Während Morde zuvor von einzelnen Psychopathen verübt worden waren, mordeten nun die Herrscher und Gefolgsleute eines großen modernen Staates.« Nach der Bombardierung von Hiroshima schrieb Macdonald:

> Die BEGRIFFE »KRIEG« UND »FORTSCHRITT« SIND JETZT NICHT MEHR GÜLTIG [...] DIE SINNLOSIGKEIT MODERNER KRIEGSFÜHRUNG HAT SICH GEZEIGT. Sollten wir jetzt nicht mit Simone Weil daraus schließen, dass die technische Seite des Krieges heutzutage das Übel ist, ganz unabhängig von politischen Faktoren? Ist es vorstellbar, dass die Atombombe jemals zu einem »guten Zweck« eingesetzt wird?

Nach der Feuerbombardierung Tokios schrieb Macdonald: »In keiner amerikanischen Zeitung oder Zeitschrift mit nennenswerter Auflage konnte ich einen Ausdruck des Entsetzens oder der Empörung finden. Wir sind gegenüber Massakern abgestumpft.« Er bezeichnete die Apologeten der Bombardierung, Journalisten der progressiven Zeitschriften *The Nation* und *The New Republic*, als »totalitäre Liberale«.

Macdonald sah die Atombombe als ein »natürliches Produkt der Gesellschaft, die wir geschaffen haben. […] Diejenigen, die eine solche zerstörerische Macht ausüben, sind kein Teil der Menschheit mehr. […] Wir müssen den modernen Nationalstaat ›erwischen‹, bevor er uns ›erwischt‹.«

Der britische Informationsminister Brendan Bracken hatte angekündigt: »Wir werden die Menschen, die diesen Krieg entfacht haben, bombardieren, niederbrennen und in jeder Hinsicht unerbittlich zerstören.« Dwight Macdonalds Antwort darauf lautete: »Wie viele der 1,2 Millionen deutschen Zivilisten, die Ihre Luftwaffe bis jetzt zerbombt, niedergebrannt und unerbittlich zerstört hat, denken Sie, ›haben diesen Krieg entfacht‹?«

Tatsächlich fußt das Argument zur Verteidigung der Atombombe zu einem großen Teil auf Rachegelüsten, als hätten die Kinder in Hiroshima Pearl Harbor bombardiert, oder als wären die geflüchteten Zivilisten in Dresden für die Gaskammern verantwortlich. Verdienen nach demselben Muster auch amerikanische Kinder den Tod, als Antwort auf das Massaker an vietnamesischen Kindern in My Lai?

Wenn es ein Todesurteil sein soll, sich angesichts der Grausamkeiten, die von politischen Führern verübt werden, schweigsam und passiv zu verhalten, dann verdient die Bevölkerung aller großen Mächte nicht zu leben. Aber die Hoffnung auf Erlösung und Veränderung liegt genau bei diesen Leuten, indem sie ihre Rolle überdenken.

Sicherlich sollten wir das japanische Volk verstehen, das in einer fanatischen Kriegsstimmung gefangen war, als Grausamkeiten im Namen seiner Regierung verübt wurden. Denn genau das gilt auch für die Vereinigten Staaten. Und wir sollten auch die Frustration derjenigen verstehen, die sich dem Fanatismus widersetzten, aber keine Macht hatten, um das Geschehen aufzuhalten.

Der Behauptung, dass der Mensch »von Natur aus« gewaltsam sei, steht eine Fülle von historischen Beweisen gegenüber, die auf das Gegenteil hindeuten. Sie zeigen, dass Menschen, sobald sie frei von politisch erzeugter nationalistischer oder religiöser Hysterie sind, mitfühlende Wesen sind, und eben nicht grausam.

Wenn Bürger über die schrecklichen Taten ihrer eigenen Regierung aufgeklärt werden (so wie die Amerikaner während des Vietnamkriegs oder die Russen über die Angriffe in Tschetschenien), dann reagieren sie mit Empörung und Protest.

Aber solange Grausamkeiten in weiter Entfernung verübt werden und abstrakt bleiben, werden auch »anständige« Menschen sie tolerieren. Als Luftwaffenbombardier kehrte ich aus Europa zurück, wo der Krieg gerade geendet hatte, und bereitete mich auf meinen Einsatz in Japan vor. Als ich die Überschrift »Atombombe auf Japan abgeworfen« las, war ich froh, denn es bedeutete, dass der Krieg endlich vorbei war. Wie andere Amerikaner wusste ich nicht, was sich auf den höheren Ebenen abgespielt hatte. Und ich wusste überhaupt nichts von dem, was diese Atombombe den Männern, Frauen und Kindern in Hiroshima angetan hatte. Ebenso wenig war mir klar, was die Bomben, die ich über europäische Städte abgeworfen hatte, mit menschlichem Fleisch und Blut angerichtet hatten.

Dann las ich John Herseys Buch *Hiroshima*. 1966 wurden meine Frau und ich schließlich in ein »Haus der Ruhe« in Hiroshima eingeladen, in dem Überlebende der Bombardierung zusammenkamen. Ich war gebeten worden, als Amerikaner, der eine Konferenz zur Abschaffung von Atomwaffen besuchte, einige Worte zu sagen. Ich stand auf und sah mein Publikum an. Die Menschen, die dort saßen, waren blind, ihnen fehlten Körperteile, sie hatten schwerste Verbrennungen. Meine Worte blieben mir im Hals stecken. Ich konnte nicht sprechen.

Es ist fast ein Tribut an das moralische Empfinden der Amerikaner, dass man versucht hat, die Öffentlichkeit daran zu hindern, auch nur eine Ahnung davon zu bekommen, was ihre Mitmenschen in Hiroshima und Nagasaki erleiden mussten. (Ohnehin kann das niemand wissen, der nicht dort war.)

So erschließt sich auch, warum Aufnahmen, die der Nachrichtenoffizier Daniel McGovern einen Monat nach der Bombardierung von Nagasaki gemacht hatte, und andere Filme japanischer Fotografen in McGoverns Sammlung, für lange Zeit geheim gehalten wurden.

Ebenso erschließt sich, warum amerikanische Militärbehörden nach der Kapitulation Japans einen Zensurkodex einführten, der jegliche Berichterstattung über das Leid an den Folgen der Bombe untersagte, und Veröffentlichungen zu diesem Thema in Presse und Rundfunk unter Strafe stellte. (Diese Information entnehme ich einem Artikel von Sadao Kamata und Stephen Salaff im *Bulletin for Concerned Asian Scholars* von 1982.) Erst mit dem Friedensvertrag von 1952 endete dieser Kodex.

Die größte Museumseinrichtung der USA, die Smithsonian Institution, brachte die Zensur jedoch zurück ins eigene Land, als sie eine Dauerleihgabe des Hiroshima Peace Museum ablehnte: die verbrannte, verbogene Brotdose, ihr Inhalt geschmolzen, des japanischen Schülers Shigeru Orimen, den die Bombe auf der Stelle getötet hatte. Die 73-jährige Überlebende Chiyoko Kuwabara sagte, in der Entscheidung des Smithsonian zeige sich die »Arroganz des Siegers«. Und weiter: »Japan hat den Krieg begonnen, aber das rechtfertigt nicht die Grausamkeit atomarer Waffen.«

Bis zum heutigen Tag wird die massive Bombardierung der Zivilbevölkerung von Intellektuellen gerechtfertigt, die ein brutales, unmenschliches Argument mit respektablen Worten verkaufen wollen: »Sicherlich haben wir Massenmord begangen. Aber sie haben angefangen. Unser Gewissen ist rein.«

So schreibt auch Alan Cowell in der *New York Times* vom 11. Februar 1995 über die Bombardierung von Dresden:

> Manche Leute argumentieren, dass kein strategischer Grund für den Angriff vorlag, weil das Ziel der britischen Bombardierung ein ziviles Wohngebiet war und sich die Deutschen auf dem Rückzug befanden. Aber diese Anschuldigungen scheinen durch die Einsicht mehr als aufgewogen zu werden, dass letztendlich Hitler die Schuld an der Bombardierung Dresdens trägt, die so kurz nach der

> Gedenkfeier zur Befreiung des Vernichtungslagers Auschwitz im letzten Monat umso deutlicher hervortritt.

In Erklärungen wie diesen gilt die Losung »Nie wieder« nur für die anderen, nie für uns selbst. Sie führt zu einem endlosen Kreislauf aus Gewalt und Gegengewalt, Terrorismus und Anti-Terrorismus, der unsere Geschichte geplagt hat. Der einzige Ausweg aus diesem Kreislauf lautet: »Keine Kriege oder Bombardierungen zur Vergeltung. *Jemand*, nein, *wir*, müssen den Kreislauf stoppen, und zwar jetzt.«

Es genügt nicht, sich allein auf das strategische Argument zu berufen, denn Historiker haben gezeigt, dass keine militärische Notwendigkeit für den Einsatz der Bombe vorlag. Noch eher müssen wir uns aber der moralischen Frage direkt stellen: Können die Grausamkeiten, die Hunderttausende Menschen durch die massiven Bombardierungen moderner Kriegsführung erleiden müssen, durch irgendeine militärisch-strategisch-politische »Notwendigkeit« gerechtfertigt werden?

Ich denke, dass diese Frage verneint werden muss. Wir müssen uns also fragen, wie wir uns von einem Denken befreien können, das uns dazu verleitet, tatenlos zuzusehen – so, wie die Deutschen und die Japaner zusahen –, wenn Grausamkeiten in unserem Namen verübt werden.

Wir sollten die Worte von Richard Rhodes im Hinterkopf behalten, der die Geschichte der Atombombe so genau kennt wie wahrscheinlich niemand sonst:

> Der Sicherheitsstaat, zu dem die USA seit 1945 geworden sind, ist eine deutliche Abkehr von der amerikanischen demokratischen Vision: misstrauisch gegenüber Vielfalt, geheim, martialisch, exklusiv, monolithisch, paranoid. [...] Andere Staaten haben ihre Kriegslust gedämpft und ihre Ambitionen eingehegt, ohne ihren Wesenskern zu verlieren. Schweden galt einst als die Geißel Europas. Es hat diesen Posten abgegeben. [...] Jetzt steht es ehrenvoll und friedlich als Nation unter anderen.

Wir müssen uns der Gefahren bewusst werden, die von einem immer noch bestehenden »technologischen Fanatismus« ausgehen. Viele der Wissenschaftler im Manhattan Project wurden von ihm geblendet, noch stärker als von der Explosion, die sie in der Wüste sahen. Er vergiftet unsere gesamte Kultur.

Wir müssen uns der Annahme entgegenstellen, dass die Leben anderer weniger wert sein sollen als die von Amerikanern; dass das Leben eines japanischen Kindes, eines Kindes aus dem Irak oder Afghanistan weniger wichtig als das Leben eines amerikanischen Kindes sein soll. Wir müssen uns weigern, die allgemeine Rechtfertigung für den Krieg zu akzeptieren: dass massive Gewalt »guten Zwecken« dient. Mittlerweile sollten wir es besser wissen, auch wenn wir offenbar nur sehr langsam lernen. Die Grausamkeit der Mittel ist die einzige Gewissheit; ob ihre Zwecke gut sind, bleibt immer ungewiss.

Die Bombardierung von Royan

Mitte April 1945 wurde der französische Küstenort Royan, eine Stadt in der Nähe von Bordeaux mit alten *châteaux* und wunderschönen Stränden (ein Lieblingsort Picassos), durch einen kombinierten Luft-Boden-Angriff vollständig zerstört. Dies geschah zehn Monate nach der Landung der Alliierten in Westeuropa und drei Wochen vor der endgültigen Kapitulation Deutschlands. Die offizielle Chronik der amerikanischen Luftstreitkräfte im Zweiten Weltkrieg erwähnt den Angriff auf Royan nur beiläufig:

> Vom 14. bis 16. April hoben jeden Tag mehr als 1200 amerikanische Schwerlastflugzeuge ab, um Brandbomben, Napalmbomben und

> 2000-Pfund-Sprengbomben auf widerständige deutsche Besatzungstruppen abzuwerfen, die immer noch um Bordeaux ausharrten. Das Bombardement war erfolgreich, sodass französische Truppen bald in die Region einrückten.

Laut offizieller Geschichtsschreibung wurden die Bomben auf »widerständige deutsche Besatzungstruppen« abgeworfen. Doch diese Formulierung ist irreführend, denn die Bomben trafen die weitere Umgebung Royans, in der es sowohl deutsche Truppen außerhalb als auch Zivilisten innerhalb der Stadt gab. Meine eigene Teilnahme an diesem Einsatz als Bombardier des 490. Bombengeschwaders brachte mich dazu, die Bombardierung Royans nach dem Krieg näher zu erforschen. Zu jenem Zeitpunkt schien es ein Bombardement unter vielen zu sein – es unterschied sich von anderen lediglich durch ein etwas anderes Ziel und eine etwas andere Bombenladung. Wir wurden in den frühen Morgenstunden geweckt und gingen zur Einsatzbesprechung, wo wir den Befehl erhielten, vereinzelte deutsche Festungen in und um Royan zu bombardieren. Auch wurde uns gesagt, dass in unseren Bombenschächten dreißig Einhundert-Pfund-Bomben lägen, die »geliertes

Benzin« enthielten, eine neue Substanz (heute kennt man sie unter dem Namen Napalm). Die Bomben wurden nicht gezielt auf die deutschen Stellungen abgeworfen, sondern fielen über einen Kippschalter auf die gesamte Umgebung Royans, sobald wir sahen, dass die Bomben des Bombenführers den Bombenschacht verlassen hatten. Diese Methode ist für ein Flächenbombardement geeignet, nicht aber für gezielte Angriffe. (Ganz abgesehen davon, dass das Norden-Bombenzielgerät, an dem wir ausgebildet worden waren, nicht dafür geeignet war, aus einer Höhe von fast 8000 Metern sicherzustellen, dass feindliche Stellungen getroffen wurden, aber Zivilisten in der Nähe verschont blieben.) Der Kippschalter war mit einem Intervallzähler verbunden, durch den die Bomben nach dem Abwurf der ersten Bombe automatisch in einem bestimmten zeitlichen Abstand auf Royan fielen. Ich erinnere mich genau daran, wie ich die Bomben aus unserer großen Höhe in der Stadt explodieren sah. Sie loderten auf wie Streichhölzer, die man im Nebel entzündet. Von dem menschlichen Chaos, das die Bomben auf dem Boden anrichteten, wusste ich überhaupt nichts.

• • •

In einem Brief antwortet mir Oberst H.A. Schmidt vom Büro des Chief of Military History, Department of the Army, auf meine Nachfrage zur Bombardierung von Royan Folgendes:

> Die Befreiung des Hafens von Bordeaux erforderte den Abbau von Brückenköpfen in Royan, la Pointe de Grave und Oléron. Der Sektor Royan war der wichtigste deutsche Stützpunkt, der in der Gegend um Bordeaux verblieb, und wurde demnach bei den Einsätzen fokussiert. Die achte U.S. Luftflotte hatte den Vorstoß alliierter Bodenkräfte durch massives Bombardement vorbereitet.

Die knappe, schlichte Beschreibung potenziell beschämender Episoden ist typisch für die Geschichtsschreibung von Regierungsvertretern.

Bemühte Argumente wurden für die militärische Notwendigkeit der Bombenangriffe auf Hiroshima und Dresden vorgebracht, auch wenn gewichtige historische Beweise diese Argumente widerlegen. Bei der Bombardierung Royans war es praktisch unmöglich, den Angriff vor dem Hintergrund militärischer Notwendigkeit zu rechtfertigen, denn Royan war eine Kleinstadt an der Atlantikküste und lag weit von der Front entfernt. Auch wenn ihre Lage an der Mündung der Gironde Zugang zum wichtigen Hafen Bordeaux bedeutete, war dies für den Kriegserfolg nicht ausschlaggebend. Denn auch ohne Zugriff auf Bordeaux und seinen Hafen waren die Alliierten in der Normandie gelandet, hatten Paris eingenommen, den Rhein überquert und waren jetzt schon ein gutes Stück nach Deutschland vorgerückt. Der großangelegte Luft-Boden-Angriff auf die Stadt fand zudem drei Wochen vor dem Ende des Kriegs in Europa statt, zu einem Zeitpunkt, an dem alle wussten, dass bald alles vorbei sein würde, und man nur auf eine Kapitulation der deutschen Besatzungstruppen hätte warten müssen.[1]

Nichtsdestotrotz begann der Angriff auf Royan am 14. April 1945. Am folgenden Tag berichtete die *New York Times* via London darüber:

> Die ganze Kraft der achten Flotte der U.S. Air Force wurde gestern an einer vergessenen Front Europas eingesetzt, gegen ein deutsches Widerstandsnest in der Gironde-Mündung vor dem großen südwestfranzösischen Hafen Bordeaux. Auf den Angriff von 1150 Bombern des Typs B-17 und B-24 ohne Begleit-

> schutz folgte ein begrenzter Angriff französischer Truppen auf dem Land. […] Etwa 30 000 bis 40 000 Nazi-Soldaten hatten sich im Mündungsgebiet der Gironde verschanzt, seit sich das Blatt des Krieges im letzten Sommer gegen sie gewendet hatte. […] Die angreifende Division war vielleicht die größte schwere Bomber-Flotte, die jemals aus Großbritannien am Tage ohne Begleitschutz gestartet ist. Fünf der großen Flugzeuge kehrten nicht zurück.

War der Luftangriff überhaupt den Verlust von fünf Flugzeugbesatzungen – 45 Männern – Wert gewesen? Die im Artikel genannten Verluste bezifferten nur die Spitze der Tragödie, wenn man die Zahlen getöteter Menschen, zerstörter Wohnungen sowie Verletzter und Verbrannter berücksichtigt. Am nächsten Tag, dem 15. April, folgte ein verstärkter Angriff, bei dem die Flugzeuge eine neue Waffe an Bord hatten. In einem Kriegsbericht auf der Titelseite der *New York Times* aus Paris schrieb man von »zwei Tagen mit verheerenden Bombardements und brutalen Bodenangriffen, durch die der Hafen von Bordeaux geöffnet werden sollte.« Weiter hieß es:

> Mehr als 1300 B-17- und B-24-Bomber der 8. Flotte der U.S. Air Force bereiteten den heutigen erfolgreichen Angriff vor, indem sie die Stellungen des Feindes auf beiden Seiten der Gironde-Mündung, die den Eingang zum Hafen von Bordeaux markiert, mit fast zwei Millionen Litern flüssigen Feuers tränkten, das die deutschen Stellungen und Stützpunkte in Flammen badete. […] Dabei kam die neue Bombe der Achten Air Force zum ersten Mal zum Einsatz, bei der eine brennbare Substanz aus Kanistern abgeworfen wird, die bei ihrem Aufprall mittels Zündkapseln zur Explosion gebracht werden. Der brennende Inhalt der Kanister kann sich dann über eine Fläche von etwa 50 Quadratmetern ausbreiten.

Das »flüssige Feuer« war Napalm, das zwei Jahre zuvor zum ersten Mal in einem Krieg eingesetzt worden war. Am Tag darauf folgten eine weitere Bombardierung mit hochexplosiven Bomben und erneute Bodenangriffe. Nach drei Tagen Luft- und Bodenangriffen kapitulierten die Deutschen schließlich. Die französischen Landstreitkräfte beklagten etwa zweihundert Tote, die Deutschen mehrere Hundert. Die zivilen Opfer dieser Angriffe wurden nie gezählt, aber im Bericht eines Kriegsreporters der *New York Times* findet sich folgende Information:

> Französische Truppen nahmen den Großteil von Royan, am nördlichen Ende der Gironde-Mündung ein. [...] Royan, eine Stadt mit 20 000 Einwohnern, war einst ein Ferienort. Etwa 350 Zivilisten, benommen oder verletzt nach zwei entsetzlichen Luftbombardements innerhalb von 48 Stunden, krochen aus den Ruinen und sagten, die Luftattacken waren »ein Schrecken, den wir nie für möglich gehalten hatten«.

Drei Wochen später war der Krieg in Europa vorbei. Die Stadt Royan, nun »befreit«, lag vollständig in Trümmern.

Jener Angriff am Vorabend des Sieges Mitte April 1945 war bereits die zweite Katastrophe, die die Alliierten über Royan gebracht hatten. Drei Monate zuvor, am 5. Januar 1945, waren kurz vor Sonnenaufgang zwei Wellen schwerer britischer Bomber im Abstand von etwa einer Stunde über Royan geflogen. In der Stadt lebten zu diesem Zeitpunkt nach einer freiwilligen Evakuierung noch etwa 2000 Menschen. Es gab keine Warnungen, und auch keine Bunker, die Schutz geboten hätten. Die Bomben wurden innerhalb eines Rechtecks aus Leuchtmarkierungen auf die Innenstadt abgeworfen und verfehlten damit die deutschen Truppen vollends.

Über eintausend Menschen wurden getötet (einige Schätzungen gehen von 1200 aus, andere von 1400). Hunderte von Menschen wurden verwundet. Fast jedes Gebäude in Royan wurde zerstört. Der drei Monate später folgende Angriff im April traf also die Ruinen von Gebäuden und die Überbleibsel von Familien, und besiegelte damit die Auslöschung der Stadt.

Das Bombardement vom Januar ist nie ausreichend begründet worden, doch eine Formulierung taucht häufiger in Berichten dazu auf: »*une tragique erreur*«. Die Erklärung des Militärs lautete damals, dass die Flugzeuge ursprünglich Bomben über Deutschland hätten abwerfen sollen, aber aufgrund schlechten Wetters auf Royan abgelenkt wurden, ohne die genaue Position der deutschen Stellungen zu kennen. Französische Flugzeuge aus dem nahen Cognac sollten die deutschen Stellungen mit Leuchtmarkierungen kennzeichnen, aber entweder geschah dies nicht, oder es wurde zu schlecht erledigt, oder der Wind wehte die Markierungen davon.[2]

Im Bericht eines Einwohners von Royan mit dem Titel »La Nuit Tragique« findet sich die folgende Beschreibung:[3]

> Unter deutscher Besatzung. Es ist Nacht, Ruhe legt sich über die schlafende Stadt, die Kirchenuhr schlägt Mitternacht. Dann ein Uhr, zwei Uhr. […] Die Einwohner Royans schlafen, eingemummt gegen die Kälte. Drei Uhr, vier Uhr. Ein leises Summen ertönt in der Ferne. Raketen lassen den Strand aufleuchten. Die Einwohner haben keine Angst; sie sind ruhig, denn sie wissen, dass alliierte Flugzeuge, sollten das welche sein, die deutschen Wehranlagen anzielen würden. Überhaupt, landen heute nicht die deutschen Versorgungsflugzeuge? Die Glocke im Kirchturm schlägt fünf. Und dann die Katastrophe, brutal, entsetzlich, erbarmungslos. Eine Flut aus Stahl und Feuer überschwemmt Royan; eine Welle aus 350 Flugzeugen wirft 800 Tonnen Bomben auf die Stadt. Wenige Sekunden später rennen Überlebende eifrig umher und helfen Verwundeten. Schreie, Todesröcheln. […] Eine Frau ruft nach Hilfe, nur ihr Kopf ist

> sichtbar, der Körper von einem riesigen Balken zerquetscht.[...] Eine ganze Familie steckt in einer Höhle fest, das Wasser steigt. Die Retter recken die Köpfe nach oben – wieder das Summen, eine neue Angriffswelle aus Flugzeugen. Sie vollendet die totale Zerstörung der Stadt Royan und seiner Einwohner. Royan ist mit der zivilisierten Welt untergegangen, durch den Irrtum, die Grausamkeit und die Dummheit des Menschen.

Acht Tage nach dem Angriff erschien ein Hilfegesuch in der Tageszeitung *La Libération*: »Amerikanische Freunde, Ihr, deren Strände in Florida nie solche Stunden gekannt haben, beginnt den Wiederaufbau von Royan!«

1948 brach General de Larminat, der die französischen Truppen im Westen (d.h. in der Region Bordeaux) in den letzten sechs Monaten des Kriegs geführt hatte, sein langes Schweigen und stellte sich der bitteren Kritik lokaler Behörden zu den Bombardements vom Januar und April 1945. De Larminat entlastete die französische Militärführung in Cognac und bestritt, dass sie die englischen Flugzeuge nach Royan geleitet hatte. Es handelte sich ihm zufolge um einen »tragischen Fehler«

des alliierten Kommandos, wobei der gesamte Vorfall eine unglückliche Folge des Krieges darstellte.[4]

> Würden wir dies zum Anlass nehmen, unsere Verbündeten anzugreifen, die unzählige Leben für die Befreiung unseres Landes gaben? Das wäre wahrlich ungerecht. In allen Kriegen geschehen diese bitteren Fehler. Welcher Infanterist im Ersten Weltkrieg, und auch in diesem Krieg, wurde nicht von eigenen Granaten getroffen? Wie viele französische Städte, wie viele Kampfeinheiten, wurden irrtümlich von alliierten Bomben getroffen? Dies ist der bittere, unvermeidbare Preis des Krieges, gegen den es vergeblich ist zu protestieren. Ebenso vergeblich ist es, darüber in Streit zu geraten. Wir ehren diejenigen, die im Krieg gestorben sind, wir helfen den Überlebenden und bauen die Ruinen wieder auf, aber wir halten uns nicht damit auf, nach Gründen für diese bedauerlichen Ereignisse zu suchen. Denn eigentlich gibt es nur einen einzigen Grund, und das ist der Krieg. Die einzigen wirklich Verantwortlichen sind diejenigen, die den Krieg wollten.

(Man vergleiche de Larminats Aussage mit Luftmarschall Sir Robert Saundbys Erklärung zur Bombardierung Dresdens:

> Es war eines dieser schrecklichen Ereignisse, die durch eine unvorhergesehene Verknüpfung von Umständen zuweilen im Krieg geschehen. Diejenigen, die den Angriff befohlen haben, sind weder böse noch grausam, auch wenn sie vielleicht zu weit von der bitteren Wirklichkeit des Krieges entfernt waren, um die schreckliche Zerstörungskraft der Luftbombardierung im Frühling 1945 ganz zu begreifen. [...] Nicht diese oder jene Handlung im Krieg ist unmoralisch oder unmenschlich. Unmoralisch ist nur der Krieg selbst. Sobald ein Krieg begonnen wurde, kann er niemals menschlich oder zivilisiert geführt werden. Sollte eine Seite dies versuchen, dann wäre sie bald geschlagen. Solange wir Konflikte zwischen den Nationen im Krieg austragen, müssen wir die Grausamkeiten, die Schrecken und die Gewaltexzesse, die der Krieg mit sich bringt, ertragen. Das ist die Lehre, die ich aus Dresden ziehe.)

Mit der Veröffentlichung der Memoiren von Admiral Hubert Meyer, französischer Kommandant in der Region von La Rochelle und Rochefort (die beiden atlantischen Häfen nördlich von Royan), im Jahr 1966 kamen wichtige Beweise zur Bombardierung von Royan im Januar 1945 ans Licht. Meyer hatte im September und Oktober 1944 begonnen, mit Admiral Schirlitz, dem deutschen Kommandanten von La Rochelle-Rochefort, zu verhandeln. Zu diesem Zeitpunkt flohen die Deutschen vor dem alliierten Einmarsch in Nordfrankreich nach Westen und festigten ihre Stellungen an der Atlantikküste. Sie einigten sich darauf, dass die Deutschen die Hafenanlagen nicht sprengen würden, solange die Franzosen nicht angriffen. Die Deutschen evakuierten daraufhin Rochefort und zogen nach Norden in das Gebiet von La Rochelle. Sie bewegten sich dabei innerhalb eines Territoriums, auf das sich beide Seiten geeinigt hatten.

Ende Dezember 1944 reiste Meyer an der Küste entlang nach Süden, wo sich die zweite deutsche Festung unter dem Kommando von Admiral Michahelles befand, um über einen Gefangenenaustausch zu verhandeln. Während dieser Gespräche erfuhr er, dass der deutsche Admiral dazu geneigt war, eine Abmachung zu unterzeichnen, die den militärischen Status quo um Royan festschreiben würde, so wie es Schirlitz für La Rochelle und Rochefort getan hatte. Meyer betonte, dass Royan einen gesonderten Status einnahm, denn ein Angriff der Alliierten wäre möglicherweise nötig, um den Zugriff auf den Hafen von Bordeaux und damit den freien Fluss von Gütern für die Versorgung des Südwestens zu sichern. Zu Meyers Überraschung antworteten die Deutschen, dass sie den Hafen von Bordeaux möglicherweise für den Handel öffnen würden, solange Militärgüter ausgenommen wären.

Als Meyer dieses Angebot dem französischen Militärhauptquartier in Santes und Cognac unterbreitete, war die Reaktion kühl. Die französischen Generäle konnten keine fundierten militärischen Gründe dafür geben, auf einem Angriff zu bestehen, aber sie führten »l'aspect moral« an. Es würde schwierig sein, sagte General d'Anselme, »dem leidenschaftlichen Kampfeswunsch der Armee des Südwestens nicht zu entsprechen – zumal ein Sieg gewiss schien – und die Armee ungeduldig seit Monaten auf ihren Einsatz wartete.«[5]

Meyer entgegnete, da der Krieg praktisch gewonnen sei, war die Truppenmoral es nicht wert, eine Stadt und Hunderte Menschen für ein begrenztes Ziel zu opfern. Sie hätten nicht das Recht, einen einzigen Menschen zu töten, wenn der Feind einen Waffenstillstand angeboten hatte.[6]

Eine weitere Besprechung, so wurde ihm gesagt, wäre erst nach der Rückkehr von General de Larminat möglich, der zu diesem Zeitpunkt abwesend war.

Meyer verließ die Besprechung mit dem sicheren Gefühl, dass die Entscheidung für einen Angriff gefällt worden war. Dies geschah am zweiten Januar. Drei Tage später wurde er in Rochefort vom Lärm von Flugzeugen, die gen Süden nach Royan flogen, aus dem Schlaf gerissen. Es handelte sich um 350 britische Lancaster-Bomber, die jeweils sieben Tonnen Bomben an Bord mit sich führten.

Meyer gibt eine weitere Information an: Etwa einen Monat vor dem Bombardement am 5. Januar kam ein amerikanischer General, Kommandeur der neunten taktischen Luftflotte, nach Cognac, um den Truppen im Südwesten starke Bombenunterstützung zuzusichern, und schlug vor, die deutschen Atlantikfestungen durch massive Luftangriffe zu zersetzen. Seiner Ansicht nach bot sich Royan als günstiger Ort für Übungsflüge englischer Bomberbesatzungen an, da die Deutschen dort über keine Luftverteidigung verfügten. Die Franzosen pflichteten dem General bei, aber bestanden darauf, dass die Ziele zwei deutsche Festungen am Ozean sein sollten, die deutlich von der Stadt abgegrenzt waren. Von den Amerikanern hörte man nichts weiter zu diesen Plänen, bis zur Bombardierung selbst.[7]

Am Ende führten nicht Flieger in Ausbildung, sondern erfahrene Piloten das Bombardement aus. Meyer kommt zu dem Schluss, dass sogar der amerikanische General (der Meyer zufolge als Sündenbock zurück in die USA geschickt worden war) nicht allein verantwortlich war.

Die Schuld verteilt sich nach Meyer auf das britische Bomberkommando und auf die französischen Generäle, denn sie missachteten einen Punkt, den General de Gaulle bei einem Besuch der Gegend im September betont hatte: dass Luftangriffe dort nur in Verbindung mit Bodenattacken gestartet werden sollten. Meyer kommt jedoch zu dem Schluss, dass die eigentliche Verantwortung nicht beim örtlichen militärischen Kommando lag. »Eine solche Stadt auszulöschen, gilt nicht mehr als militärische Entscheidung, sondern als gewichtiger politischer Akt. Es ist kaum vorstellbar, dass die oberste Führung [Eisenhower und sein Stab] nicht hinzugezogen wurde.« Sollten die Alliierten von seinen Anschuldigungen schockiert sein, so Meyer, dann müssen sie ihre Militärakten öffnen und die Wahrheit endlich ans Licht bringen.

Trotz der deutschen »Weihnachtsoffensive« in den Ardennen schien sich der Sieg der Alliierten bereits im Januar 1945 deutlich abzuzeichnen: An der Westfront hatten sie einen großen Teil Frankreichs eingenommen und auch im Osten waren die Deutschen zum Rückzug gezwungen. Im April gab es demnach kaum Zweifel daran, dass der Krieg dem Ende nahte. Der deutsche Rundfunk gab am 15. April bekannt, dass Russen und Amerikaner an der Elbe bald aufeinandertreffen würden und die Errichtung zweier Zonen und damit eines geteilten Deutschlands in Aussicht stand. Trotz alledem wurde eine große Luft-Boden-Offensive am 14. April gegen die deutschen Festungen in Royan gestartet. Über eintausend Flugzeuge warfen Bomben auf 5500 Mann starke deutsche Truppen ab, die sich in einer Stadt aufhielten, in der zu dem Zeitpunkt wohl weniger als eintausend Menschen verblieben waren.[8]

In einem Artikel aus dem Sommer 1946 setzt sich ein Autor aus Royan mit dem im Jahr zuvor erfolgten Angriff auseinander:

> Diese letzten Bombardements lösten viel Bitterkeit bei den Einwohnern Royans aus, denn der Waffenstillstand, den alle schon erwartet hatten, folgte bald darauf. Für die Einwohner

> Royans war ihre gewaltsame Befreiung nutzlos. Die Stadt wäre genau wie La Rochelle einige Tage später befreit worden, und zwar ohne neues Leid, ohne neue Tote und ohne neue Ruinen. Nur die, die Royan besucht haben, können dieses Desaster begreifen. Kein Bericht, kein Bild, keine Zeichnung kann davon Zeugnis ablegen.

Ein anderer Bewohner Royans schrieb:[9]

> Natürlich war die Zerstörung von Royan am 5. Januar 1945 ein Fehler und ein Verbrechen: Diese Dummheit wurde nur dadurch gekrönt, dass Ruinen und Gebäude, die zuvor nur teilweise zerstört worden waren, nochmals mit höllischen Brandbomben angegriffen wurden. So vollbrachte man einen ganz offensichtlich nutzlosen tödlichen Akt und führte der Welt die zerstörerische Kraft von Napalm vor Augen.

Die Beweise deuten offensichtlich darauf hin, dass Stolz, militärischer Ehrgeiz und das Verlangen nach Ruhm und Ehre antreibende Kräfte eines Einsatzes waren, der sich letztlich als militärisch unnötig herausstellte. Einer der örtlichen Kommandanten schrieb später: »Es wäre sinnvoller gewesen, auf die deutsche Kapitulation zu warten, und damit neue menschliche und materielle Verluste zu vermeiden«, aber »der wichtige Faktor der Moral« konnte nicht von der Hand gewiesen werden.[10]

1947 traf sich eine Delegation aus fünf Führungspersönlichkeiten aus Royan mit General de Larminat. Nach dem Krieg hatten die Bürger Royans de Larminat den Zugang zur Stadt untersagt – aus Wut über die zerstörerischen Militäreinsätze unter seinem Kommando und über die weitverbreiteten Plünderungen von Wohnungen in Royan durch französische Soldaten nach der »Befreiung«. De Larminat hoffte, er könnte die Einwohner Royans davon überzeugen, dass sie falsch lagen. Das Treffen wird von Dr. Pierre Veyssiere beschrieben, dem ehemaligen Kopf der Resistance in Royan und Träger des Croix de Guerre, der hoffte, dass er eine Erklärung für das »nutzlose Opfer« der Bevölkerung der Stadt erhalten würde, aber schließlich resümierte: »Meine Selbsttäuschung war absolut.« Er zitiert de Larminat mit der Aussage, dass das französische Militär eine Kapitulation des Feindes »von sich aus« vermeiden wollte, da »dies den Eindruck erwecken würde, dass die Deutschen ungeschlagen geblieben waren.«[11]

Ein weiteres Mitglied der französischen Delegation, Dr. Domecq, früherer Bürgermeister und Resistance-Anführer, wandte sich auch an de Larminat:

> Royan wurde, wie Sie sagen, mein General, versehentlich zerstört. […] Diejenigen, die verantwortlich sind, wurden bestraft, der Befehl zum Angriff, nur wenige Tage vor der Befreiung, konnte nicht vom Militär hinterfragt werden. […] Denn die Deutschen sollten unsere Stärke spüren! Erlauben Sie mir, mein General, Ihnen zu sagen, ein für alle Mal, im Namen derer, die die Kosten zu tragen hatten: Den »Sieg von Royan« gibt es nicht, außer für Sie.

General de Larminat antwortete auf die Kritik mit einem Brief, den er an Paul Métadier richtete.[12] Stolz und militärischer Eifer, schrieb er dort, boten keine ausreichende Erklärung für einen Einsatz von solcher Größe; man müsste nach einer größeren Ursache suchen: »Dieser Stolz, dieser Eifer, vermochten es nicht, die eingesetzten Granaten herzustellen, die entsandten

Truppen aufzustellen oder die beteiligten Luft- und Seestreitkräfte umzuleiten.« De Larminat sagte, er hätte die nötigen Vorbereitungen getroffen, um die Atlantikfestungen auszulöschen, ohne selbst Einfluss auf den Termin des Angriffs gehabt zu haben. Das Datum war festgelegt worden, er führte lediglich die Pläne aus.

Er schloss seinen Brief mit einem Appell an den Nationalstolz:

> Dürfen wir alte Kämpfer verleumden, weil einige von ihnen Taten verübten, die während eines Krieges unvermeidbar sind? Dies geschieht in jedem Krieg. Soweit ich weiß, hat dies nie jemand als Vorwand genutzt, um den Ruhm und die Tapferkeit der Kämpfer kleinzureden.

Er sprach von den »einfachen, gerechten Leuten«, die den »Ruhm ihres Landes und seine Souveränität« vor »materielle Verluste« stellten und niemals den »Respekt vergessen, der denen gebührt, die kämpften, und von denen viele ihr Leben für ein patriotisches Ideal opferten, das die Querulanten immer missachtet haben.

Admiral Meyer, der de Larminat wohlgesonnener war als die meisten der Kritiker des Generals, hatte den Angriff auf Royan von den Höhen von Médis aus beobachtet und beschrieb die Szene wie folgt:

> Das Wetter war klar, die Wärme drückend. Die Stellungen des Feindes, die umliegenden Wälder und die Ruinen von Royan standen unter Feuer und Flammen von fantastischer Intensität. Die Landschaft und der Himmel waren dicht mit Staub und gelbem Rauch verhangen. Es war schwierig, die verstümmelte Silhouette des Glockenturms von Saint-Pierre auszumachen, der wie eine Fackel brannte. Ich wusste, dass die alliierten Flugzeuge zum ersten Mal eine neue Art von brennendem Sprengstoff verwendeten, eine Art geliertes Benzin, bekannt als Napalm.

De Larminat, sagte Meyer, hatte gute wie schlechte Tage. Dies war einer seiner schlechten Tage, denn am Abend nachdem Royan eingenommen worden war, ging Meyer zum General: »Er war sichtbar zufrieden damit, für diesen großartigen Akt der Rache verantwortlich zu sein. […] Ich würde nicht so weit gehen zu sagen, dass der Erfolg ihn berauscht hatte, aber der General wirkte auf mich, als wäre sein Appetit angeregt.«

Dieser Jubel fand sich auf allen Ebenen. Ein Pressekorrespondent vor Ort beschrieb das Bombardement mit Schwerartillerie, das die Attacke auf Royan mit 27000 Granaten vorbereitet hatte. Darauf folgte die erste Luftbombardierung am Samstag, dem 14. April, mit hochexplosiven Stoffen. Dann das Bombardement mit Napalm, das den ganzen Sonntagmorgen andauerte. Um sieben Uhr abends waren sie schließlich in Royan. Die Stadt war ein glühender Ofen. (»La ville est un brasier.«) Am nächsten Morgen konnten sie noch immer das Rattern der Maschinengewehre im nahen Wald hören. Royan brannte weiterhin. (»Royan brûle encore.«) Der Bericht endet: »Der Frühling ist wunderschön.«

Nach der Eroberung von Royan beschlossen sie, die Insel Oléron auf der anderen Uferseite von Rochefort anzugreifen. Meyer sagte:

> Der gerade errungene Sieg hatte die Leidenschaft unserer Soldaten entfacht, und in ihnen den Gedanken geweckt, dass ihrer Kraft nichts standhalten könne. Nachrichten von der deutschen Front sagten ein schnelles Ende

> des Krieges voraus. Jeder suchte nach einer letzten Gelegenheit, um sich hervorzutun und ein bisschen Ruhm zu erringen; Bescheidenheit wurde verachtet und Vorsicht als Feigheit gesehen.

Meyer glaubte nicht, dass der Angriff auf Oléron nötig gewesen war. Aber er beteiligte sich eifrig an seiner Planung und Ausführung, denn er war froh darüber, wieder an einem Marineeinsatz mitwirken zu können. Er war überzeugt davon, dass seine Pflicht darin bestand, Befehlen von oben zu folgen.

> Aus der Perspektive allgemeiner Strategie war der Angriff auf Oléron fraglich. Er war ein teurer Luxus, eine Eroberung ohne militärischen Wert kurz vor dem Ende des Krieges. Doch ich war nicht derjenige, der darüber zu richten hatte. Meine Pflicht war darauf beschränkt, optimale militärische Entscheidungen für die Befehle zu treffen, die ich erhalten hatte.

Meyer gibt den politischen Entscheidungsträgern die Schuld. Dennoch scheint *Schuld* das falsche Wort zu sein, denn Meyer geht davon aus, dass es ehrbar sei,

Befehlen zu folgen, welche auch immer das sein mochten, gegen welche Feinde auch immer sie sich richteten:

> Seit Jahrtausenden schon schmiedet der Soldat nicht mehr seine Waffen selbst, sucht sich nicht selbst seinen Gegner. Seine einzige Pflicht ist zu gehorchen mit all seinem Glauben, seinem Mut, seiner Widerstandskraft.[13]

In der Zerstörung von Royan wird die endlose Kette von Ursachen deutlich, die endlose Zerstreuung von Verantwortung, die wiederum endlose Arbeit für Geschichtswissenschaft und soziologische Spekulation schafft, und zu einer endlosen Lähmung des Willens führt. Welch komplexes Gefüge aus Motiven! Im Obersten Alliierten Kommando: die Eigendynamik der Kriegssituation; zuvor getroffene Zusagen und Vorbereitungen; die Notwendigkeit, eine Sache zu ihrem Ende zu bringen und so viele Siege wie nur möglich zu erringen. Beim Militär vor Ort: kleine und große ehrgeizige Ziele; das Streben nach Ruhm; das große Begehren, eine gemeinsame Anstrengung voranzutreiben, an der Soldaten aller Ränge beteiligt sind. Aufseiten der amerikanischen Luftwaffe: der Wunsch, eine neu entwickelte Waffe zu testen. (Paul Métadier schrieb: »Letztlich zeichnete sich der Einsatz dadurch aus, dass neue Brandbomben abgeworfen wurden, die die Air Force erst kürzlich erhalten hatte. In der Formulierung eines Generals: ›Sie waren ganz wunderbar!‹«) Und bei allen Beteiligten, ob niederen oder hohen Rangs, ob Franzose oder Amerikaner, das stärkste Motiv von allen: der gewohnte Gehorsam, das universale Prinzip aller Kulturen, bloß nicht aus der Reihe zu tanzen und über Dinge nachzudenken, deren Überdenken einem nicht aufgetragen worden war; das negative Motiv, weder einen Grund noch den Willen zur Einmischung zu haben.

Jeder kann mit Recht auf jemand anderen zeigen, der die Verantwortung trägt. In dem bemerkenswerten Film *King and Country* (dt. *Für König und Vaterland*, 1964) verlässt der britische Soldat Arthur Hamp, ein einfacher Junge vom Land, eines Tages das Schlachtfeld des Ersten Weltkriegs und begibt sich auf den Heimweg. Er wird wegen Fahnenflucht angeklagt und in einem zweistufigen Verfahren zum Tode verurteilt. Obwohl niemand wirklich der Meinung ist, dass er hingerichtet werden sollte, können die Beamten sich gegenseitig die Schuld an seinem Tod zuweisen: Das Gericht verurteilt ihn zum Tode, um ein starkes Zeichen für die Kriegswilligkeit der Truppe zu setzen, mit dem Hintergedanken, das Urteil später durch ein Berufungsgericht aufheben zu lassen. Das Berufungsgericht bestätigt das Urteil jedoch und kann argumentieren, dass es das ursprüngliche Todesurteil nicht gefällt hatte. Am Ende wird der Soldat erschossen. Dieses Vorgehen, erinnern wir uns, geht auf die Inquisition zurück, als die Kirche den Prozess führte und dem Staat die Hinrichtung überließ. Verwirrung darüber, wer die Entscheidung eigentlich gefällt hatte, wurde damit sowohl bei Gott als auch beim Volk gestiftet.

In unserer Zeit setzt die Massenproduktion von endlosem Grauen eine umso komplexere Arbeitsteilung voraus. Niemand ist mehr direkt für die Schrecken verantwortlich, die so entstehen. Aber jeder Einzelne ist indirekt verantwortlich, denn er könnte einen Schraubenschlüssel ins Getriebe der zerstörerischen Maschine werfen, um sie ins Stocken zu bringen. Das stimmt natürlich nicht ganz – denn Schraubenschlüssel besitzen nur wenige; die meisten haben bloß ihre Hände und Füße. Das bedeutet schließlich, dass nicht alle gleichermaßen in den schrecklichen Verlauf eingreifen können, denn das erforderliche Opfer hängt von den jeweils eigenen Möglichkeiten zur Intervention ab. In dieser eigenartigen Umkehrung des Natürlichen, die wir Gesellschaft nennen (wenn man Natur so versteht, dass sie jede Spezies entsprechend ihren eigenen Bedürfnissen ausstattet), ist die Macht zur Intervention ungleich verteilt: Denn je mehr Möglichkeiten jemand hat, einzugreifen, desto geringer ist seine Bereitschaft dazu.

Die unmittelbaren Opfer der Maschine – und die, die schon morgen zu ihren Opfern werden könnten – sind am dringendsten auf ihre Störung angewiesen, verfügen jedoch kaum über Schraubenschlüssel. Sie sind auf ihre Körper zurückgeworfen (was vielleicht erklärt, warum Aufstände so ein seltenes Phänomen sind). Für diejenigen unter uns, die ein bisschen mehr als ihre bloßen Hände haben, und zumindest ein kleines Interesse daran, die Maschine zum Stehen zu bringen, könnte das bedeuten, dass wir eine spezielle Rolle dabei spielen, den sozialen Stillstand zu durchbrechen.

Es könnte bedeuten, dass man sich falschen Kampagnen entgegenstellen muss – oder der ein oder anderen fragwürdigen Aktion einer eigentlich guten Kampagne vehement widerspricht. Aber es bedeutet immer, dass wir uns von den Handlungen anderer Menschen und den Wahrheiten anderer Zeiten nicht täuschen lassen dürfen. Es bedeutet, dass wir nach dem handeln, was wir im Hier und Jetzt fühlen und denken, dass wir für den Menschen aus Fleisch und Blut einstehen und uns den abstrakten Konzepten »Pflicht« und »Gehorsam« widersetzen.

Anmerkungen

Einleitung

1 Anm. d. Übers.: John Hersey, *Hiroshima*, Harmondsworth 1946, S. 46; dt.: *Hiroshima*, aus dem Englischen von Justinian Frisch, Zürich 1957, S. 65–66.

Hiroshima

1 Anm. d. Übers.: Richard Rhodes, *The Making of the Atomic Bomb*, New York 1986, S. 714–715; dt.: *Die Atombombe, oder Die Geschichte des 8. Schöpfungstages*, aus dem Englischen von Peter Torberg, Karl Heinz Siber, Johannes Bohmann, Herbert Allgeier, Uda Strätling und Ulrike Bischof. Berlin 1990, S. 722.

2 Anm. d. Übers.: Hersey, *Hiroshima*, S. 65–66; dt. a.a.O., S. 93–94.

3 Anm. d. Übers.: MOVE ist eine Schwarze politische Organisation, die 1972 in Philadelphia gegründet wurde, und deren Mitglieder sich alternativen Lebensformen zuwandten. 1985 wurden durch einen Bombenabwurf der Polizei auf ein von MOVE-Aktivisten bewohntes Haus elf Mitglieder, darunter fünf Kinder, getötet.

4 Anm. d. Übers.: Mit dem japanischen Angriff auf Pearl Harbor am 7. Dezember 1941 und dem Eintritt der USA in den Zweiten Weltkrieg wird die rassistische Beleidigung *Jap* Teil der propagandistischen Abwertung des Feindes in den Medien. Zinns weitere Erwähnungen des Begriffs wurden kursiviert übernommen.

5 980 Menschen starben beim deutschen Angriff auf Rotterdam am 14. Mai 1940. In Coventry wurden 380 Menschen getötet. Siehe David Irving, *The Destruction of Dresden*, Holt, Reinhart & Winston 1964, Kapitel 1. (Siehe nachfolgende Anm. d. Übers.)

6 Anm. d. Übers.: Eine von der Stadt Dresden eingesetzte Historikerkommission hat 2010 ermittelt, dass der Bombardierung von Dresden zwischen 20100 und 25000 Menschen zum Opfer fielen. Warum sich Howard Zinn in der Angabe seiner Opferzahlen mit 100000 auf David Irving bezieht, dessen Werk *The Destruction of Dresden* (*Der Untergang Dresdens*, 1964) auf gefälschten Quellen basiert und der bereits seit Ende der 1970er-Jahre als rechtsextremer Geschichtsrevisionist und Holocaustleugner hervorgetreten war, ist nicht nachzuvollziehen.

7 Anm. d. Übers.: »Operation Centerboard« lautete der Deckname für den Bombenabwurf auf Nagasaki; der vorhergehende Angriff auf Hiroshima lief unter dem Decknamen »Operation Silverplate«.

8 Vgl. T.C. Cartwright: *A Date with the Lonesome Lady—A Hiroshima POW Returns*, Fort Worth 2002.

Die Bombardierung von Royan

1 Noch eine Bemerkung, die als Geste der Gleichheit aller Opfer auf eine Fußnote beschränkt bleiben muss: Royan unterschied sich von Hiroshima und Dresden darin, dass die Opfer des Angriffs – zumindest offiziell – Verbündete und nicht Feinde waren.

2 Dies wird sogar noch 1965 in J.R. Colles Buch *Royan, son*

passé, ses environs (La Rochelle, 1965) so wiederholt, der den Angriff in seinem Kapitel »La Résistance et La Libération« wiedergibt.

3 Die Zeitschrift, in der der Artikel ursprünglich erschienen ist, ist nicht länger zugänglich, aber ein Nachdruck des Artikels findet sich neben vielen anderen, aus denen ich hier zitiere, in einem bemerkenswerten Büchlein, das ein Drucker aus Royan (ein früheres Mitglied der Resistance) mit dem Titel *Royan – Ville Martyre* 1965 hergestellt hatte (Botton, Père et fils). Die Übersetzungen stammen von mir. Eine bittere Einleitung von Ulysse Botton beschreibt »la tuerie« (das Massaker) vom 5. Januar 1945. Dort ist auch eine Fotografie des wiederaufgebauten Royan abgedruckt, dessen Stadtbild jetzt nicht mehr durch alte *châteaux,* sondern moderne Gebäude gekennzeichnet ist. »Unsere Besucher, französische und internationale Touristen, sollen davon erfahren, wenn sie es noch nicht wissen, dass die moderne Architektur dieser neuen Stadt auf einen Mord zurückgeht, der bis heute weder eingestanden noch bestraft wurde.«

4 Band von Botton. Dies ist natürlich eine weitverbreitete Ansicht: »c'est la guerre« – eine resignierte, unglückliche Kapitulation vor dem Unabwendbaren. Diese Begründung findet man wieder und wieder in Artikeln der mittlerweile eingestellten Nachkriegszeitschrift *Le Pays d'Ouest.* In einem Artikel mit dem Titel »Le Siège et Attaque de Royan« stößt man auf folgende Aussage: »Was immer auch ihr Grund sein mochte, die Bombardierung von Royan am 5. Januar 1945 muss als einer der bedauernswerten Fehler gesehen werden, die leider im Zuge extrem komplizierter Einsätze im modernen Kriegsgeschehen schwer zu vermeiden sind.«

5 So gibt Meyer seine Erinnerung an die Unterhaltung im Kapitel »Royan, ville détruite par erreur« wieder. In seinem Buch beschönigt Meyer die eigenen Handlungen tendenziell, doch der Bericht stimmt mit anderen Beweisen überein.

6 Drei weitere Beweise sprechen für Meyers Behauptung, dass die Deutschen bereit zur Kapitulation waren:

A. In einer Reportage in *Samedi-Soir* vom Mai 1948 (teilweise im Band von Botton abgedruckt) findet sich eine merkwürdige Geschichte, die über Meyers Schilderungen sogar noch hinausgeht. Dort wird unter Berufung auf ein Dokument, das im Ministerium der Streitkräfte gefunden worden sein soll, berichtet, dass ein britischer Agent mit dem Decknamen »Aristide« über Frankreich mit dem Fallschirm abgesprungen war, um sich der Resistance anzuschließen. Später berichtete er seiner Regierung in London, dass die Deutschen in Royan ihre Kapitulation angeboten hatten, solange ihnen militärische Ehren zugestanden würden, worauf der französische General Bertin entgegnete, dass eine Kapitulation an die Briten zu »diplomatischen Konflikten« führen würde. Dies soll sich am 8. September 1944 abgespielt haben.
B. In einem offenen Brief an General de Larminat von Dr. Pierre Veyssière, dem ehemaligen Anführer der Resistance in Royan, findet sich folgende Aussage: »Jetzt sind wir uns sicher, dass im August und September 1944 das deutsche Oberste Kommando – der Kommandant der Festung von Royan – Angebote zur Kapitulation unterbreitet hatte. Wenn diese angenommen worden wären, hätte das Schlimmste vermieden werden können. Wir wissen, dass er zwei Mal mit Oberst Cominetti, Kommandant der Gruppen in Médoc (genannt Charly), Kontakt aufgenommen hatte; wir wissen auch, dass diese Versuche zur Verhandlung vom französischen Hauptquartier in Bordeaux schlicht und einfach abgelehnt wurden – zweifellos aus dem Grund, die eigene militärische Geltung zu steigern.« (Der Brief ist im Band von Botton abgedruckt.)
C. Paul Métadier zitiert in einem Artikel für *La Lettre Médicale* vom Februar 1948 (nachgedruckt in einer Broschüre im Bestand der Bibliothek von Royan) Sir Samuel Hoare, den früheren britischen Botschafter in Paris, als Quelle für die Tatsache, dass das französische Militärkommando eine deutsche Kapitulation an die Briten ablehnte.

7 Diese Episode wird auch in Robert Arons Buch *Histoire*

de la Libération de la France: juin 1944–mai 1945 wiedergegeben (Librarie Arthème Fayard, 1959). Aron fügt den Punkt hinzu, dass der amerikanische General während seines Besuchs einen Journalisten der FFI (Forces françaises de l'intérieur – d.h., der Résistance) traf, der die Einwohner Royans als »Kollaborateure« bezeichnete.

8 Colle, *Royan, son passé, ses environs*. Er berichtet, dass die Deutschen unter Admiral Michahelles über 5500 Soldaten, 150 Kanonen und vier Fliegerabwehrbatterien verfügten. Sie waren in Betonbunkern verschanzt und von Landminenfeldern umgeben.

9 *»Les Préparatifs de l'Attaque«*, aus Bottons Band. Derselbe Autor führt an, dass die Formel für Napalm im achtzehnten Jahrhundert von einem Goldschmied aus Grenoble entdeckt worden war, der dem Kriegsminister dessen Wirkung vorführte. Darüber soll Ludwig XV. so erschreckt sein, dass er befahl, die Dokumente zu verbrennen, da er der Ansicht war, dass eine solch schreckliche Waffe zum Wohle der Menschheit unbekannt bleiben müsse.

10 *Revue Historique de l'Armée*, Januar 1946. Ein Artikel in einer Lokalzeitschrift aus der Nachkriegszeit befasste sich mit jenen, die sich an den Angriffen im April beteiligt hatten: »Dank ihnen konnte man nicht sagen, dass die französische Armee gegenüber den deutschen Schanzen am Atlantikwall machtlos war.« *Le Pays d'Ouest*, Exemplar im Bestand der Bibliothek von Royan.

11 Offener Brief an General de Larminat, in dem er sarkastisch als »Libérateur« von Royan angesprochen wird. Abgedruckt im Band von Botton.

12 Der Briefwechsel zwischen Métadier und de Larminat ist im Besitz der Bibliothek von Royan. Die ursprüngliche Stadtbibliothek wurde durch die Bombardierung zerstört; 1957, zwölf Jahre später, wurde sie neu erbaut.

13 Meyer zitiert an einer Stelle Bismarck, unter dem deutschen Schulkindern folgender Lehrsatz beigebracht wurde: »Wir sind nicht auf dieser Welt, um glücklich zu sein und zu ge-

nießen, sondern um unsere Schuldigkeit zu tun.« Meyer gibt noch einen weiteren beängstigenden Einblick in das, was ein gutausgebildeter Militär unseres Jahrhunderts zu glauben imstande ist: Er spricht zärtlich von der einigenden Kraft des Meeres *(»une commune maîtresse: la mer«),* das Matrosen verschiedener Nationen in ihrer patriotischen Pflicht vereint; als Beispiel für solch lobenswerte Einheit im Kampf nennt er die Landung europäischer Truppen im Jahr 1900 in China zur Niederschlagung des Boxeraufstands.

Howard Zinn, geboren am 24. August 1922 in Brooklyn, war Hochschullehrer, Historiker und sein Leben lang politischer Aktivist. Nach seiner Promotion an der Columbia University lehrte er viele Jahre lang am Spelman College, einer Hochschule für Schwarze Frauen, und beteiligte sich am Civil Rights Movement. Zu dieser Zeit begann seine Überwachung durch das FBI, das ihn zunächst verdächtigte, Mitglied der Kommunistischen Partei zu sein. Bis 1988 unterrichtete er an der Boston University. Für seine wissenschaftliche Arbeit, seine wichtigen Beiträge zur intellektuellen Bildung der amerikanischen Öffentlichkeit sowie für seinen Aktivismus wurde er vielfach ausgezeichnet.

Friederike Sachs, geboren 1989, ist Lektorin und Übersetzerin aus dem Englischen. Sie lebt in Berlin.

Erste Auflage Berlin 2022

Göhrener Straße 7, 10437 Berlin
info@maerzverlag.de

Einbandgestaltung: Barbara Kalender, Berlin
Lektorat: Gerson Huhmann, Berlin
Satz: Dörlemann-Satz, Lemförde
Korrektorat: Lisa Bullerdiek
Druck und Bindung: Pustet, Regensburg
ISBN 978-3-7550-0013-6
www.maerzverlag.de